開胃小菜100道

涼菜、拌菜、小炒，清爽上桌！

程安琪◎著

| 作者序 |

不可小覷的…美妙滋味

「小菜」常常會被忽略了，它不像宴客菜那樣耀眼、或像主菜那般會讓人有飽足感，但說實在的，有一些小菜，久久不吃、會讓人想念它；擺在餐桌上、也會讓你情不自禁地伸筷子去夾它，因為它清爽、開胃，在餐桌上是很有吸引力的。

既然是小菜，它的特色便是做法簡單、口味清爽、多變化的，食材也是容易取得的。其實從五星級大飯店，到一般的餐廳中，都會有一些自製的小菜，無論是以精緻優美的姿態出現，或是簡單的拌黃瓜、燒茄子、煮毛豆、炒豆乾，都各有各的滋味。有名的 XO 醬也是從小菜出身，由香港的名廚研發、推廣而成為一種有名的醬料。

做法簡單滋味無窮

在講求輕食的現代，清爽的小菜不會對身體造成負擔，也是小菜受到青睞的原因。沒有大火快炒的油膩感，只要燙一燙、拌一拌，利用不同的調味料和辛香料，小菜的味道就出來了。你可以挑選 4 ～ 5 種不同口味的小菜，做成豐富的一餐；而有的小菜一次多做一些，放在保鮮盒中，可以分次食用，對做菜的人來說，也是一種輕鬆的烹調方式。

另外有一些小菜是利用辛香料和簡單的主食材在炒過之後，激發出它的香氣，同樣的，它也是可以保存數日而不變味道的小菜，帶給繁忙工作的你多一份輕鬆，卻有同樣的美味。

至於「涼拌菜」，是陪大家渡過漫漫長夏，清爽開胃的好選擇。雖然我們常順口說「涼拌菜」，其實細分起來，應該是涼菜和拌菜。拌菜，不一定是拌涼的食材，它還包括有熱拌和溫拌，而涼菜則是適合放涼了再吃的菜，卻不一定是拌出來的。當然，一般人也不必太仔細去分這道菜是涼菜？還是拌菜？只要它是好吃、又容易做的，就是一道好菜了。

記得小時候和爺爺奶奶同住，爺爺常會要求奶奶拌個小菜來吃，老虎醬、拌茄子和拌豆腐是奶奶最拿手的，還有魚露什錦菜也是她常做的。我最喜歡幫她剝花生膜，露出白白的花生，等泡在魚露（以前是用馬祖蝦油來泡）兩、三天以後入味了，冰冰脆脆的非常好吃。

善用醬料變化菜色

中國菜以味型豐富而吸引人，不同的地域有不同的喜愛口味，其中又以四川菜的變化最多，不同的調味料交互搭配，就可以產生不同的味道，因此我們只要對調味料多加認識，就能夠隨手調出好滋味。在這本書中我挑選了好幾種好吃、實用的方便醬的做法，如香菇肉燥醬、XO 醬、五味醬，以及甜醬油、紅油的做法，和一些基本味型的調配配方，當你會調配各種拌料、醬汁，又知道如何處理各種食材後，只要交叉運用，就可以變化出許多好吃的拌菜了。相信這會是一本很實用的涼拌及小菜食譜，希望大家會喜歡它。

程安琪

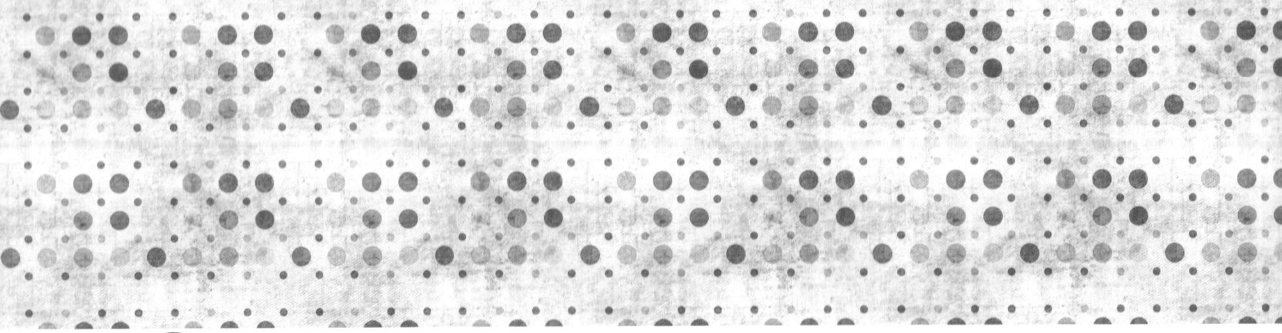

Contents 目 錄

1 ｜經｜典｜涼｜菜｜

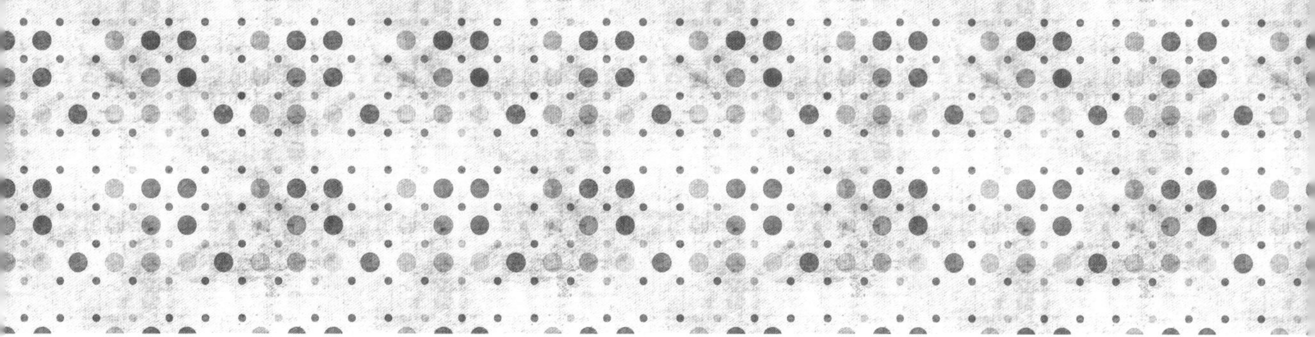

2 |開|胃|拌|菜|

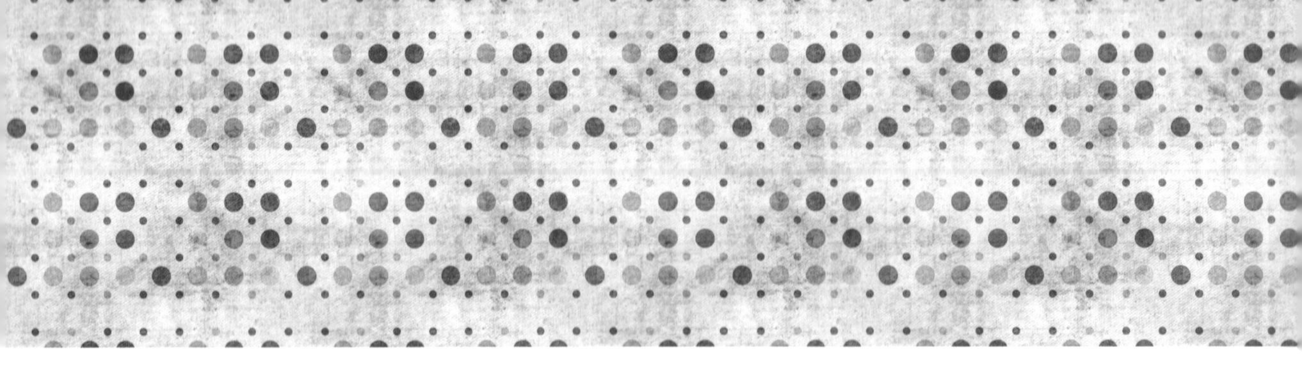

3 |下|飯|小|炒|

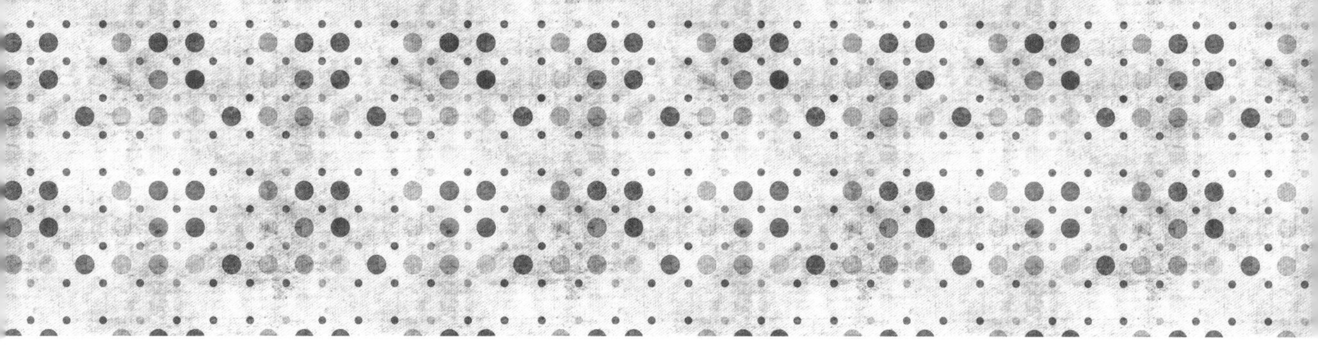

4 |異|國|風|味|

安琪老師的醬料時間～

拌出美味醬就對了！

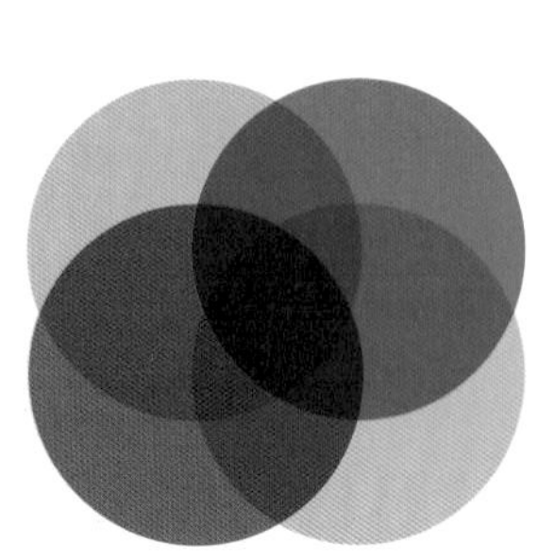

PART 1

動手拌之前

當我們要拌一道菜之前，應該先決定要拌什麼味道，也就是要用什麼口味的拌料來拌。

辛香料＋調味料＋醬料＝拌料

做中國菜時，常用的辛香料有：蔥、薑、蒜、辣椒、花椒、胡椒和香菜。主要調味料有：醬油、麻油、糖、醋、酒和油。常會用到的醬料（特殊調味料）則有：番茄醬、芝麻醬、甜麵醬、辣椒醬、沙茶醬、芥末醬。而「拌料」，就是由這些辛香料、調味料和醬料所組合而成的。

關於拌料的二三事

有一些拌料的味型是屬於傳統的、有名的。例如麻辣、芥辣、酸辣、魚香、三合油、五味、糖醋味、紅油味、蒜泥味。我們在調配時一定要抓住它的特色，不能隨意更改。像麻辣口味的麻，主要來自於花椒粉，調配時花椒粉要加足夠，才能凸顯出「麻」 的味道，達到麻的標準。又如蒜泥味的蒜則要生蒜才夠味，這一類的拌料，如果是由新鮮的辛香料直接調製的，就不適合存放太久，最好在三、四天之內用完，以免香氣散失。

另外有一些拌料是經過炒煮而製成的。為了使所用的各種料能夠充分的融合，或是其中的某種辛香料需要用熱油來激發出不同的香氣，因此並不是直接涼的去拌，而是要先經過爆香和炒合的過程。最明顯的就是紅蔥頭和花椒粒。而這一類經過炒煮而製成的拌料，還有肉燥醬、XO 醬、魚香醬、自製的紅油、甜醬油或沙茶醬，通常可以保存得久一點。

調拌料前先做功課

當然，除了這些知名的拌料之外，我們可以按自己的喜好，來調一個屬於自己的獨特拌料。但在做之前，我們要先了解這些要用到的辛香料、調味料和醬料。我們對常會用到的各種材料都已經有基本的認識了，但是，這些辛香料和調味料在混合後所產生的效果，常會因為加熱與否，或是下鍋次序的先後而有不同。最明顯的就是大蒜，生蒜的辣氣在熟成後就消失了，取而代之的是另一種香氣，所以在涼拌時常用生的大蒜。至於是把大蒜拍裂，浸泡在醬汁中取其味；或是剁碎了直接拌；還是磨成蒜泥再用，就看你對蒜味的接受程度了。

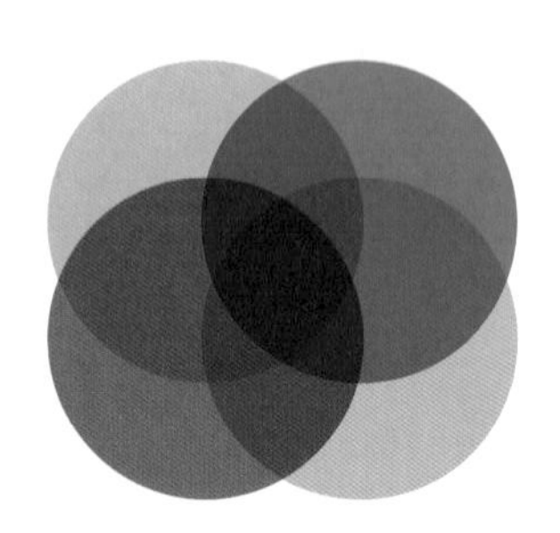

PART 2

5大基本拌醬

芝麻醬、芥末醬、沙茶醬、三合油、還有西式沙拉醬，讓平凡的食材頓成人間美味……

芝麻醬

傳統芝麻醬的顏色為深褐色，買時要挑選瓶內油少的，比較新鮮。芝麻醬的濃稠度不同，吸水量也有差，要一點一點慢慢加水，邊加邊攪拌的把醬調稀。也可以在調配時加一些花生醬來增加香氣。

另外還有日式的芝麻醬，顏色較淺，但價格較貴。本身已調過濃稠度，不必再加水。

芝麻醬的最佳搭配：1 蒜泥 & 薑泥（棒棒雞）2 芥末醬（肉絲拉皮）3 或加許多香料調成有名的擔擔麵、川味涼麵。

芥末醬

傳統以芥末粉來調製，芥末粉加水調成膏狀，要先在溫熱處摀出衝辣之氣，再和其他調味料及辛香料調和。

現在有管狀的黃色芥末醬和綠色山葵醬可以代替，但是和西式的芥末醬不同，西餐中用的黃色芥末醬，或法式各種品牌的芥末醬都帶微酸而不衝辣。

三 合 油

北方涼拌菜的基本味汁，是以醬油、麻油和醋調成的，所以稱為三合油。

三種的比例通常是 2：1：1。另外也可以加蒜泥或芥末或辣椒醬來豐富它的滋味。

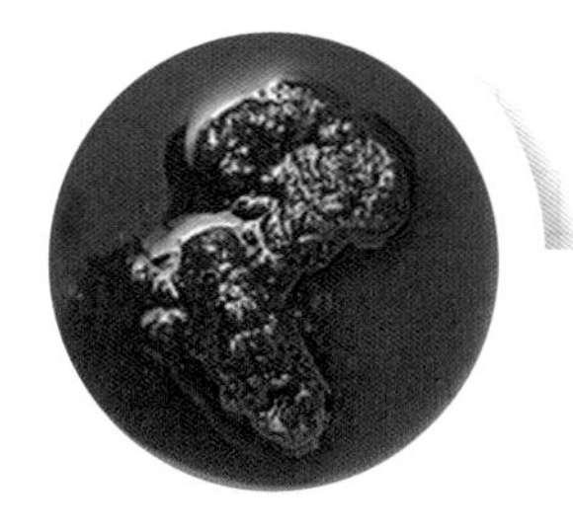

沙 茶 醬

這種本屬於潮州、汕頭一帶的調味料，如果自己做比較費事，所以可以買現成的再加以調製，有了基本香氣再變化味道。

因本身即是沾料，可以不用炒過直接調味。

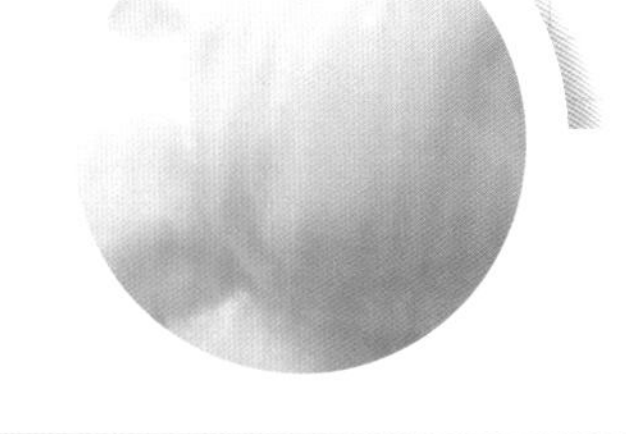

西 式 沙 拉 醬

在西式料理中，沙拉佔了很重要的地位，因此西式醬料（dressing）的調配也很重要。

西式醬料大致可分為兩類，一種是蛋黃醬（俗稱美乃滋 mayonnaise），一種是油醋汁。

蛋黃醬是將橄欖油滴入蛋黃中打成醬汁，因此比油醋汁要濃稠。現代人喜歡水果香氣，也可以再將果汁、果泥調入醬料中。另外也有為健康取向而用優格來調沙拉醬汁的。

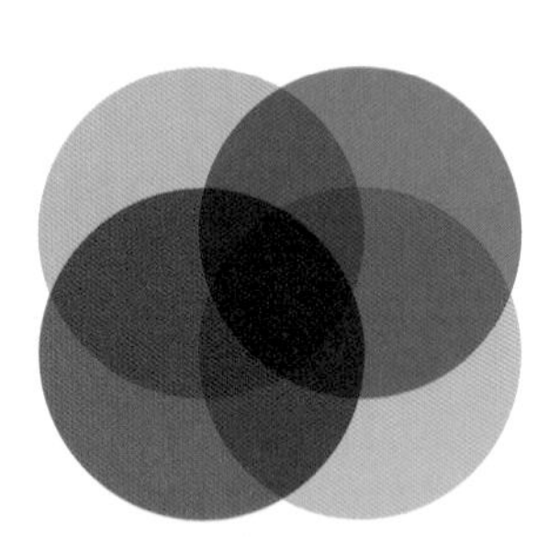

PART 3
拌醬最佳配角

紅油的辣、大蒜的辛、花椒的麻、紅蔥頭的香，讓味蕾瞬間甦醒……

紅蔥頭

要先剝去褐色外皮，露出紫色，切片或切碎後在油中炒炸成黃褐色，炸時油量要稍多些才炸得酥。因為很容易變焦、有苦味，略變色後即改小火，炸成金黃色立即撈出。炸好後，最好油和紅蔥酥分開存放，要用時再分別取用，才能保持紅蔥酥的酥脆口感。

花椒油

花椒是北方人做菜喜歡用的一種辛香料，但是和川菜中取花椒的麻味不同。把花椒粒在油中以小火炸焦後撈棄，用這個花椒油來拌菜特別香，最家常的就是拌燙過的花椰菜。將花椒粒打成粉即為花椒粉，花椒粉通常在最後加入拌料中或放在麻辣鍋中煮，不再用熱油爆香。

紅 油

川菜中的辣油非常紅，故稱為紅油，傳統做法是添加一種中藥房中可買到的紫草，現在可以用韓國做泡菜的辣椒粉。紅油的辣度可依個人喜愛而選擇不同辣度的辣椒粉。

在紅油中加調味料調成紅油汁，是川菜中著名的複合調味料，可以拌抄手（四川人稱的餛飩）、拌麵、拌腰片、拌魚片，拌很多不同的材料。

麻辣汁

我自己很喜歡這個醬汁的配方，其中的蔥薑蒜，都是用熱油浸泡出味而不是在熱油中爆香炸出來的。因為在家中做時，不會用太多的熱油，所以泡時要用湯杓壓一壓蔥薑蒜，好讓味道盡量釋出。

會調麻辣汁後，可以拌出麻辣腰花、肚絲、蹄花、茄子、雞絲、牛肉，無論換成什麼主料，都難不倒你的。

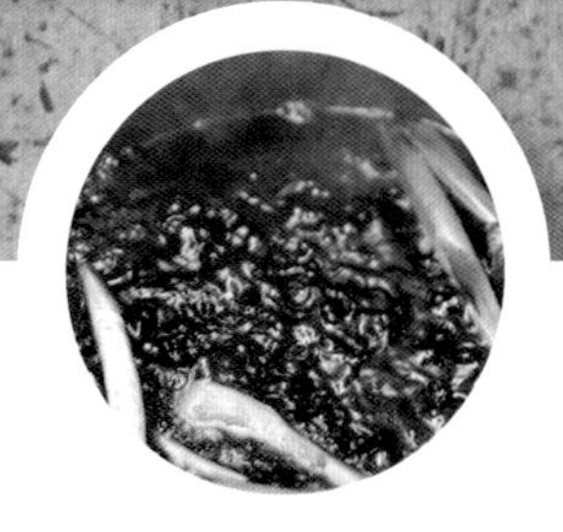

甜醬油

調拌料時，為使糖容易融化，常會用棉糖來調，但是卻仍缺少香氣，不妨做一些甜醬油來用。

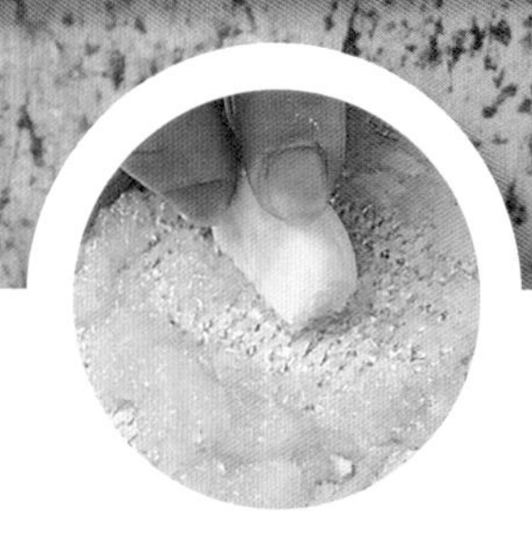

蒜 泥

可以用磨薑板來摩擦或用壓蒜泥的夾子壓成泥。用磨成泥的大蒜來調製拌料，比較細緻均勻，不會吃到顆粒，覺得蒜味重時，可以加水調成蒜泥水來用。

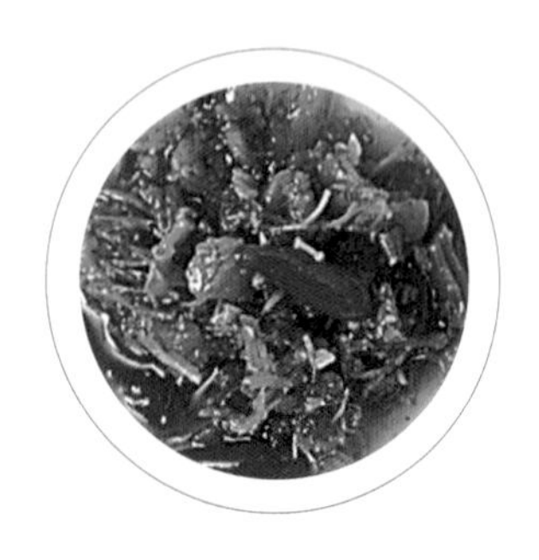

XO 醬

材料：干貝 10 粒、小珠貝 1 杯、火腿小粒 3 大匙、蝦米 3 大匙
扁魚乾 1 片、蝦籽 1/2 大匙、小紅辣椒 20 支

調味料：酒 1 大匙、糖 1/4 茶匙、鹽 1/4 茶匙

做法：

1. 干貝、小珠貝蒸約 30 分鐘至軟，趁熱撕散開。
2. 蝦米泡軟後摘去硬殼，剁小一點；紅蔥頭切片；紅辣椒一半切碎，一半去蒂頭；扁魚乾用小火慢慢煎黃，待涼後切碎。
3. 燒熱油半杯，放下紅蔥頭炸酥、撈出，再放下干貝、珠貝及蝦米炒至乾香，加入紅辣椒同炒，再加入調味料、蒸干貝汁（約 1 杯）、火腿末、扁魚乾末一起用小火煮約 2 分鐘。
4. 撒下炒香的蝦籽再煮，一滾即可關火，放涼後裝瓶保存。

香菇肉燥醬

材料：絞肉 600 公克、香菇 5 朵、大蒜屑 1 大匙、蔭瓜半杯
紅蔥酥半杯

調味料：酒半杯、醬油半杯、糖 1 茶匙、五香粉 1 茶匙

做法：

1. 香菇泡軟、切碎。
2. 炒鍋中熱 3 大匙油炒熟絞肉，油不夠時可以沿鍋邊再加入一些油，要把絞肉炒到肉變色，肉本身出油。
3. 加入大蒜屑和香菇同炒，待香氣透出時，淋下酒、醬油、糖和水 3 杯，同時加入蔭瓜和半量的紅蔥酥，小火燉煮約 1 小時。
4. 放下另一半紅蔥酥和五香粉，再煮約 10 分鐘即可關火。

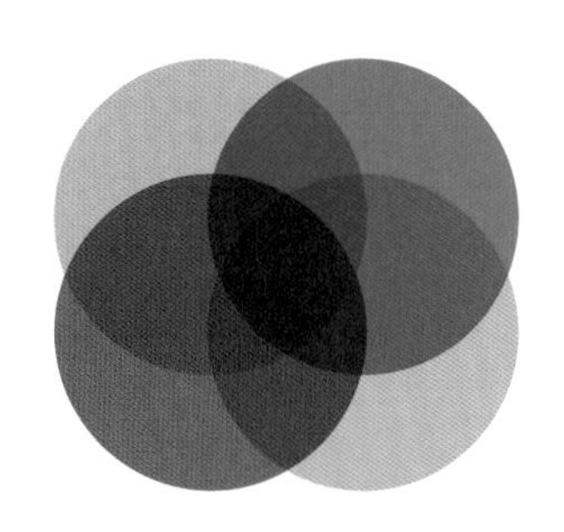

PART 4 自製經典醬料

經典的 XO 醬、下飯的香菇肉燥，自己動手做，美味不求人……

紅 油

做法：

鍋中將油和蔥段、薑片、花椒粒、八角、陳皮等一起加熱，香氣透出時，關火，待油溫降至 8 分熱時，過篩後再沖到碗中的辣椒粉中，待沉澱後將辣油瀝出即可。

五味醬

做法：

以醬油 1 大匙、番茄醬 1 大匙、醋 2 大匙糖 1 大匙、鹽少許、麻油 2 大匙拌料調勻，即可。

甜醬油

材料：醬油 2 杯、糖 1 又 1/4 杯、酒半杯
蔥 2 支、薑 2 片、八角 1 顆
陳皮 1 小塊、桂皮 1 片
花椒粒 1/2 大匙

做法：

1. 全部材料放在小鍋中以小火熬煮 15 分鐘左右，至醬油略濃稠時關火。
2. 放涼後過濾，裝在瓶中隨時取用。

* 要注意的是，每一種牌子的醬油鹹度都不同，因此糖的量要酌量增減。

經典涼菜

經典滬菜

雞凍

材 料：

雞腿 2 支、豬皮 200 公克、蔥 3 支、薑 2 片、八角 1 粒、洋菜 1/6 包

調味料：

醬油 4 大匙、酒 1 大匙、糖 1 茶匙、鹽適量

做 法：

1 每支雞腿剁成 4 大塊，和豬皮分別放入滾水中燙過，撈出，清洗乾淨。

2 雞肉、豬皮和蔥支、薑片及八角一起放入鍋中，加調味料和 5 杯水，大火煮滾後馬上改小火，煮約 50～60 分鐘。揀出雞塊，將雞肉拆下來，切小塊一些，排在模型盒內。

3 豬皮取出，剁碎一點，重新放回雞湯鍋中。洋菜剪成約 2 公分的短段，也加入雞的湯汁中，小火再煮約 5 分鐘，嚐一下鹹淡，可再加調味料調整味道。

4 將湯汁注入模型盒中，湯汁的量一定要蓋過雞肉。撇去表面的浮油，待冷後放入冰箱中冷藏 3 小時。

5 臨吃前，將雞凍倒扣在砧板上，用利刀切成片，擺盤上桌。

安琪老師的｜小｜叮｜嚀｜

＊傳統做「凍」 主要是加豬皮或雞爪，以動物的膠質來凝固，現在也可以用吉利丁粉或吉利丁片來凝固成凍。

＊為避免雞肉都沉至模型底部，可以先放 1/2 量的肉和汁，過 10 分鐘略凝固後再加肉、倒汁。

＊吉利丁粉種類多，可依不同品牌的指示，有多少湯汁就用多少粉。

＊豬皮的量夠多也可以不加洋菜，全部用洋菜的口感較脆硬，加肉皮才會又 Q 又滑。

＊同樣方法也可以做牛肉凍或羊肉凍，若用雞胸肉代替雞腿也不錯，雞胸肉較乾，湯汁要多留一點，做成凍才好吃。

山東燒雞

材 料：

半土雞半隻或雞腿 2 支
黃瓜 3 支、醬油 1/3 杯

蒸雞料：

花椒粒 2 大匙、蔥 2 支
薑 4 片

調味料：

醬油 4 大匙、酒 1 大匙
糖 1 茶匙、鹽適量

做 法：

1. 雞洗淨，擦乾表皮水分，用醬油泡半小時以上，要常翻面，使顏色均勻。
2. 用熱油炸黃雞的表皮，撈出，瀝淨油，放在深盤中。把花椒粒和蔥段、薑片放在雞身上，上鍋蒸 1 小時。
3. 黃瓜拍裂，盡可能去除一些黃瓜籽，切成段，放入盤中。
4. 將雞取出，放至涼透，用手撕成粗條，堆放在黃瓜上，淋上混合好的調味料，臨吃前拌勻即可。

安琪老師的 ｜小｜叮｜嚀｜

* 山東燒雞取花椒的香氣，做好放涼後，可以直接切來吃，也可以配著黃瓜條拌著吃，拍過的黃瓜口感較好，除去籽後會覺得更脆。怎麼吃都開胃。
* 如果怕炸雞太耗油，也可以用煎的，記得讓雞皮面朝下，一方面炸去些油脂，另外也增加香氣。

蜇皮手撕雞

材　料：

雞半隻、海蜇皮 150 公克
蔥絲半杯、嫩薑絲 2 大匙
香菜段 1/3 杯、白芝麻 1 大匙

滷湯料：

醬油半杯、酒 2 大匙
冰糖 1 大匙、鹽 1 茶匙
五香包 1 個、水 8 杯
蔥薑各少許

拌　料：

滷湯 2 大匙、麻油 1 大匙
鹽 1/4 茶匙

做　法：

1. 將滷湯料在湯鍋中煮滾，改小火煮上 5 ～ 10 分鐘，做成滷湯。
2. 雞洗淨、瀝乾，放入滷湯中煮至熟（視雞的大小，1 公斤約 20 分鐘）。關火燜 30 分鐘以上，取出放涼。
3. 海蜇皮切絲，放冷水中沖泡約 2 ～ 3 小時（要多換幾次水）。鍋中將 5 杯水煮至 8 分熱，放下海蜇絲燙 3 ～ 5 秒，快速撈出，再泡入冷水中，至海蜇絲漲大，用冷開水沖洗過，瀝乾水分。
4. 滷雞用手撕成粗條，放入碗中，加入海蜇絲、蔥絲、嫩薑絲和香菜段，淋下綜合調味料拌勻後裝盤，撒下炒過的白芝麻即可。

安琪老師的
|小|叮|嚀|

＊滷湯用過後，可以放入冰箱冷凍，再用時僅添加些調味料和水就可以滷了。利用假日滷一鍋，可以直接切來吃，還可變化做涼拌菜，清爽又沒有油煙。

＊不用海蜇皮來拌，也可以換成黃瓜絲、西洋芹菜絲、煮熟的筍絲、大頭菜等較脆而爽口的材料來拌雞肉。

醉雞

材 料：

雞腿 3 支、鋁箔紙 3 大張

調味料：

魚露或蝦油 5 大匙、紹興酒或黃酒 1 杯

做 法：

1 雞腿剔除大骨，將肉較厚的地方片薄一些。用 3 大匙魚露加 2 大匙水一起醃泡 1 ～ 2 小時。

2 把雞腿捲成長條，用鋁箔紙捲好，兩端扭緊。

3 蒸鍋水煮滾後，放入雞腿捲，以中火蒸 1 小時，取出放涼。

4 趁還有餘溫時，打開鋁箔紙的一端，將蒸汁倒入一個深盤中，調入冷開水（約 1 杯）和酒，嚐一下，鹹味不夠時可以再加一些魚露。

5 待雞捲完全冷透，泡入酒中。用保鮮膜密封，放入冰箱冷藏，2 ～ 3 小時後便可食用。

6 取出雞腿，切薄片排盤。醉雞放入保鮮盒可保存 4 ～ 5 天，怕太鹹的話可由酒汁中取出，另外保存。

安琪老師的
｜小｜叮｜嚀｜

* 傳統醉雞都是用整隻雞煮熟，剁成 4 或 6 大塊來泡酒汁。在家做可以用雞腿，不但做來方便，也容易入味。選用半土雞腿，肉質更 Q，但不要太大，以免會老。母雞的雞腿較嫩，但母雞皮下的油脂較多，要用剪刀將油剪掉。
* 雞要涼透了才能泡入酒汁中，以免酒香受影響。冷開水的量可依個人對酒的接受程度而增減。
* 將雞腿和浸泡的酒汁放在塑膠袋中，可以減少浸泡的液體。同樣的做法也可以做出醉豬腳、醉轉彎（翅膀）、醉肚、醉蝦。

棒棒雞

材　料：

雞半隻、百頁豆腐 1 條
小黃瓜 2 支、蔥 1 支
薑 2 片

麻醬拌料：

芝麻醬 1 大匙、醬油 3 大匙
鎮江醋 1 茶匙、糖 2 茶匙
麻油 1 大匙
紅油（做法見 15 頁）1 大匙
蒜泥 1 大匙、薑泥 1 茶匙
花椒粉 1 茶匙

做　法：

1. 雞洗淨。鍋中加蔥段、薑片、酒和 5 杯水，煮開後放入雞，以中小火煮約 15 ～ 18 分鐘，關火再燜上 20 分鐘，取出雞，放至涼。
2. 黃瓜切成薄片，用少許鹽拌醃約十餘分鐘，見黃瓜已略為變軟，擠乾水分放在盤中。
3. 百頁豆腐切片，用冷開水漂洗一下，瀝乾水分，放在黃瓜上。
4. 將雞之大骨剔除，雞肉連皮切成約 4 公分長、1 公分寬的條，排在百頁豆腐上。
5. 小碗中先以醬油慢慢地調開芝麻醬，再加入其它調味料調勻，上桌前淋在雞肉上，吃時再拌勻。

安琪老師的
｜小｜叮｜嚀｜

＊雞取出後，在待涼時，要用一張濕紙巾或濕布蓋住，以免雞皮會乾而變硬。

＊市售的芝麻醬濃稠度不同，在加過醬油調稀後可以再酌量加水，以調整濃度，調得太乾的話，上桌後不容易把材料拌勻。

香醬拌雞片

材 料：

雞胸肉 200 公克、蒟蒻 1 片
青江菜 6 棵、蔥花 1 大匙

蒸雞料：

鹽 1/4 茶匙、水 1 大匙
蛋白 1 大匙、太白粉 1 大匙

魚香醬拌料：

大蒜末 1 茶匙、薑末 1 茶匙
辣豆瓣醬半大匙、糖半大匙
鹽 1/4 茶匙、番茄醬 1 大匙
清湯或水 3 大匙

做 法：

1. 雞肉要修除雞皮和軟骨，切成片。用調勻的醃雞料拌勻，醃 20 ～ 30 分鐘。
2. 蒟蒻切片；青江菜摘好、切段，菜梗部分用滾水汆燙一下，撈出。用冷開水漂涼，放在餐盤中（可以部分墊底、部分圍邊）。
3. 燒熱 5 杯水，放入雞片和蒟蒻片，一起以小火燙熟。撈出，盡量瀝乾水分。
4. 起油鍋，先用 1 大匙油把大蒜和薑末炒香，再依序加入其它的調味料炒香，炒至略濃稠時，關火。倒下雞片和蒟蒻片，拌均勻，撒下蔥花再拌，便可堆放在青江菜上。

安琪老師的
｜小｜叮｜嚀｜

＊雞片因為要用水汆燙，太白粉的量比過油時多些無妨，因為粉料會自然流失在水中。

＊蒟蒻也可以用豆乾、粉皮、豆包、素雞等豆製品或用菇類來代替。青江菜也可以換用黃瓜或其他喜愛的青菜。

麻辣牛腱

材 料：

滷牛腱 1 個、素雞 1 條
小黃瓜 2 支、大蒜 4 粒、蔥 2 支
薑 2 片、香菜段 1/3 杯

麻辣拌料：

滷湯或醬油 3 大匙、糖 1 大匙
醋 1 大匙、花椒粉 1 茶匙
紅油 1 大匙

做 法：

1 滷牛腱切片；素雞切成約 0.5 公分的片；小黃瓜也切片，用少許鹽略為醃一下，擠乾水分，排至盤中。

2 蔥、薑和大蒜先拍碎，放入碗中，淋下燒得很熱的 4 大匙油，再加入調味料，放置約 30 分鐘。

3 牛腱和素雞分別在熱水中汆燙一下，排在小黃瓜片上。麻辣拌料以篩網過濾，淋到牛肉片上，擺上切碎的香菜段，上桌後拌勻。

安琪老師的
|小|叮|嚀|

＊在浸泡時蔥薑會吸收調味料，因此可以把調味料的量增加，或在過濾時把調味汁擠乾一點，否則味道不夠。

＊把蔥、薑、蒜在油中爆香所做出的麻辣汁，和用浸泡方法所做出的味道不同，可以試試兩種方法的差別。

油爆蝦

材 料：

小沙蝦或海蝦 300 公克
蔥 1 支

調味料：

醬油 2 大匙、糖 3 大匙

做 法：

1 蝦抽去腸泥，略加修剪頭鬚，沖洗一下、將水分擦乾。

2 燒熱炸油 2 杯，分批放下蝦子，以大火將蝦炸透，撈出。

3 油倒出，加入醬油和糖，炒煮至糖溶化，放入蝦子一拌，關火，撒下蔥花。

安琪老師的
｜小｜叮｜嚀｜

＊如果可以買到活沙蝦，趁活的時候白灼、水煮，隔天再來做油爆蝦更香，尤其炸得非常酥脆時，連蝦殼都可以一起吃，含有豐富的鈣質和甲殼素呢！

＊也可以換成台式口味的鹽酥蝦。同樣將蝦炸好，鍋中將蔥、薑和蒜末爆香，放下蝦子拌炒，撒下少許鹽、胡椒粉和辣椒末即可。

紅油耳絲

材 料：

豬耳朵 1 個、蔥 2 支、青蒜半支
紅辣椒 1 支

煮 料：

酒 2 大匙、醬油 3 大匙、蔥 1 支
薑 2 片、八角 1 粒

拌 料：

紅油半大匙、醋半大匙、鹽 1/4 茶匙
甜醬油（做法見 15 頁）1 大匙
蒜泥水 2 茶匙、麻油半大匙
花椒粉 1/4 茶匙、糖 1 茶匙、鹽適量

做 法：

1. 豬耳朵洗淨、燙過之後，再用刀刮淨外皮，放入湯鍋中。湯鍋中加水 6 杯和煮料，一起煮 30 ～ 40 分鐘，關火。
2. 約取半個豬耳朵的量，打斜刀切成薄片；蔥先橫面片開，再切斜絲；青蒜也先片開，再切斜絲；紅辣椒片開去籽，切成細絲。所有絲料放大碗中。
3. 大蒜用磨板磨成泥，約有半茶匙的量，加水 2 茶匙調稀來用，再拌上其他的拌料調勻，做成紅油汁，拌入耳絲中，拌勻裝盤。

安琪老師的｜小｜叮｜嚀｜

＊豬耳朵本身沒有鮮味或香氣，卻含許多膠質，可以多吃。要注意處理乾淨再煮，喜歡脆一點口感的煮約 30 分鐘，筷子可以插下去即可撈出放涼，要軟一點的大約煮 50 分鐘。或者買現成滷好的豬耳朵來涼拌也很方便。

＊不喜歡蔥蒜的人，可以改用黃瓜、白蘿蔔、菜心、筍絲等一些脆爽的食材，再配上清爽的三合油口味（醬油、麻油、醋）來拌。

＊甜醬油是很好用的一種拌菜調味料，只要一次熬好放在冰箱，就不用每次再調醬油和糖的比例，方便又好吃。

蔥油海蜇絲

材 料：

海蜇 150 公克、白蘿蔔絲 1 杯、胡蘿蔔絲半杯、蔥絲 2 大匙
麻油 1 大匙、烹調用油 1 大匙

調味料：

醬油 3 大匙、醋 1 大匙、糖 1 茶匙

做 法：

1 海蜇整張先沖洗一下，捲起成筒狀，再切成絲，用水多沖洗幾次，再泡入水中約 6 ～ 8 小時，至海蜇已無鹹味。

2 海蜇放入 8 分熱的水中燙 3 ～ 5 秒，撈出再泡冷水至發漲開來。撈出沖涼，再用冷開水沖淨，瀝乾水分。

3 白蘿蔔絲用少許鹽和醬油抓拌一下；胡蘿蔔絲加少許鹽抓一下，兩者都要擠乾水分，太鹹時可以加些冷開水沖洗一下再擠乾。

4 兩種蘿蔔絲和海蜇絲等全部材料都放入大碗中，淋下調好的調味料，拌勻，裝入盤中，上面放上蔥絲，淋下燒得極熱的兩種油，再拌勻便可食用。

安琪老師的 ｜小｜叮｜嚀｜

＊海蜇因產地不同，厚薄、脆度都不相同，在發泡和汆燙過程中必須掌握好技巧，才能拌出美味海蜇絲。好的海蜇價格很高，從兩百多元一斤，到七、八百元均有。

＊第一次泡海蜇是要泡除海蜇的鹹味，要多換水，可以嚐一下，沒有鹹味即可燙水，燙過後再泡漲開，有的只需 5 ～ 10 分鐘，有的則需 1 ～ 2 小時。

＊除海蜇皮外，海蜇頭也是用同樣方法處理，只不過海蜇的頭部是切片，口感更脆。

＊白蘿蔔用來拌時都會先醃鹽，以除去苦澀味，同時可以軟化白蘿蔔。醃醬油是使顏色與海蜇相近。黃瓜絲、大白菜切絲及一些脆爽的蔬材也都適合來拌海蜇，增加脆度。

肉絲拉皮

材 料：

豬大排肉（或裡脊肉）150 公克、洋菜半包、小黃瓜 1 支、蛋 1 個
胡蘿蔔絲少許

芥辣拌料：

芝麻醬 1 大匙、黃色芥末粉 2 茶匙（或綠色芥末醬）
淡色醬油 1 大匙半、 醋 1 茶匙、麻油 1 大匙、鹽少許、糖 1/4 茶匙

做 法：

1 豬肉整塊放在水中煮熟或放入蒸鍋中蒸熟。取出待冷後切成絲。

2 小黃瓜和胡蘿蔔洗淨，分別切成細絲。蛋打散，煎成蛋皮，稍涼後，切成絲。

3 洋菜用剪刀剪成約 5 公分段，沖洗一下，泡入溫水中至軟。4 種材料略為混合，排入盤中，上面放上肉絲。

4 芥末粉加少許水攪拌，調成糊狀，放在溫熱處燜一下，以產生衝辣之氣。另一 個碗中放芝麻醬，加水調稀，再陸續加入醬油等調味料，最後和芥末醬調勻。

5 將芥辣拌料淋在肉絲上，上桌後拌勻即可。

安琪老師的
｜小｜叮｜嚀｜

＊熟的肉雖不如生炒的肉絲那樣滑嫩，但另有一種香氣。煮肉時水不要多，以免肉味流失。

＊粉皮因拉力強、有彈性，稱之為「拉皮」，但新鮮粉皮不耐放，可改用洋菜或乾粉皮，要用時泡軟即可。洋菜一定要泡透，太硬不好吃。

＊雞肉、牛肉可以代替豬肉。不放肉的素拌四絲也很好吃。

蜜汁鯧魚

材 料：

鯧魚 1 斤、蔥 3 支
薑 4 片、八角 1 粒

醃魚料：

醬油 2 大匙
酒 1 大匙

調味料：

醬油 2 大匙
糖 3 大匙
味醂 2 大匙

做 法：

1 鯧魚洗淨、擦乾，打斜切成厚片。蔥薑拍碎，放入大碗中，加入魚片及醃魚料拌勻，醃 30 分鐘。

2 燒熱 2 杯炸油，將魚分批放入油中炸酥。視油量每次炸 2～3 片，炸熟後撈出，將油再燒熱，放入魚片，大火再炸酥。

3 用 1 大匙油炒香蔥段和八角，放入調味料煮滾，做成醬汁。

4 改成中火，將魚片排入鍋中，轉動鍋子，使魚片浸到醬汁中，把魚翻面再浸一下，同時使醬汁收縮變濃稠，收乾。關火，夾出魚片，放涼食用。

安琪老師的 |小|叮|嚀|

＊這道菜以小型的鯧魚來做最適合，小鯧魚每條可 1 切為 3 片。另肉魚、草魚、鱸魚或鯛魚片也都可以做。

＊這道菜可以熱吃，但是放涼後更好吃，因為蜜汁涼了，味道才固定，吃來更夠味，且因為是吃涼的，醬汁不能調得太黏稠。

麻辣素雞

材 料：

素雞 1 個、蔥花 1 大匙
大蒜末 1 大匙、香菜 2 支

調味料：

醬油 1 又 1/2 大匙、醋 2 茶匙
糖 1 茶匙、花椒粉 1/3 茶匙
辣油 1 大匙

做 法：

1 素雞切片，香菜切成短段。

2 起油鍋，用 1 大匙油爆香蒜末和蔥花，改小火放下醬油、醋、糖和 1/4 杯水，煮滾後放素雞和辣油，輕輕拌合，關火，再放花椒粉和香菜，拌勻即可盛出。

麻辣豆魚

材 料：

綠豆芽 450 公克
豆腐衣 2 張
炒香白芝麻半大匙

調味料：

芝麻醬 1 大匙
甜醬油 1 大匙半
水 1 大匙、麻油半大匙
醋 1 茶匙、蔥末 1 茶匙
花椒粉半茶匙
紅油半大匙

做 法：

1 煮滾一鍋開水，水中加鹽 1 茶匙，放入豆芽燙煮至脫生，約 20 ～ 30 秒鐘，撈出沖冷開水至涼，擠乾水分。

2 豆腐衣修裁成長方形，每張中包入半量的綠豆芽，捲成長條，接縫口朝下放。兩條都做好。

3 芝麻醬放碗中，慢慢加水調稀，再加入其它調味料調勻。

4 平底鍋中將油 2 ～ 3 大匙熱至 8 分熱，放入豆魚捲煎黃表面，夾出切段，排入碟中，淋上醬汁，撒上炒過的白芝麻即可。

安琪老師的 |小|叮|嚀|

* 說是豆魚，其實材料裡一點魚肉也沒有用到，是一道典型的素菜，豆腐衣裡包捲著綠豆芽，淋上調味汁，吃來非常夠味。
* 豆腐衣中包捲綠豆芽，要盡量包多一點，捲的時候也要盡量捲緊一點。
* 豆魚太長時可以先切一半，再放入鍋中去煎。
* 因為是淋料，所以調味汁要調稀一點。沒有甜醬油，可用醬油 1/2 大匙加棉糖或果糖調勻。

椒麻肚絲

材 料：

豬肚半個、新鮮豆包 2 片、豌豆莢 20 片、蔥花 1 大匙、辣椒屑 1 茶匙

煮豬肚料：

蔥 2 支、薑 2 片、八角 1 粒、花椒粒少許、酒 1 大匙

椒麻拌料：

滷湯 3 大匙或淡色醬油 2 大匙、醋 1 大匙、糖 2 茶匙、大蒜泥半大匙
花椒粉 1/4 茶匙、麻油半大匙

做 法：

1. 將豬肚先用麵粉和沙拉油搓揉，再用大量水沖淨，放入滾水中燙煮 2 分鐘。取出後，刮除硬皮並剪除內部的油脂，再放入湯鍋中加水 8 杯和煮豬肚料，一起煮 1 小時。
2. 取出豬肚，分成兩半，一半留待下次用，一半用滷湯滷約 30 ～ 40 分鐘至夠爛，關火，浸泡 30 分鐘。
3. 木耳摘好；豆包切寬條；豌豆莢摘好。小碗中將椒麻拌料調好。
4. 燒開 3 ～ 4 杯水，加 1 茶匙鹽和少許油在水中，放下木耳、豆包和豌豆莢燙 30 秒左右，撈出，盡量瀝乾水分，放入盤中。
5. 豬肚切絲，和蔥花、辣椒屑混合，再拌上調好的調味料，拌勻後舖放在豆包上。

安琪老師的
｜小｜叮｜嚀｜

＊煮豬肚比較費火力，可以煮一個，再分次使用，也可以用快鍋或燜燒鍋來煮。

＊有滷湯時可以用滷湯滷過，豬肚比較入味，也可以買現成滷好的。沒有滷湯也可以加些鹽一起煮豬肚。

＊椒麻口味是以花椒粉的麻為主，可拿來做拌菜非常開胃。

＊黃瓜絲、萵苣筍、西生菜絲、洋蔥絲、各色甜椒絲都適合搭配豬肚一起拌，帶來爽脆的口感。

麻辣腰片

材　料：

豬腰 1 付、乾粉皮 1 張、柳松菇 1 小盒、蔥 2 支、大蒜 2 粒
薑 1 小塊、紅油半大匙

麻辣拌料：

醬油 3 大匙、醋 1 大匙、糖 1 大匙、花椒粉 1 茶匙

做　法：

1. 豬腰從橫面剖開，剔除中間紅白色的筋。在光滑的正面劃切直條紋，然後再打橫刀切成片。切好後全部泡在水中，要多換幾次水至水不混濁為止。
2. 蔥、薑、蒜拍碎放碗中，沖下 3 大匙燒得很熱的油（包括 1 大匙麻油），再加入調味料浸泡 20 ～ 30 分鐘。把汁過濾在小碗中。
3. 乾粉皮在水中泡至軟，切成約 3 公分長段，再放入 5 杯的滾水中燙煮至軟，撈出前，放入洗淨的柳松菇，一滾即撈出，瀝乾水分，趁熱拌上少許麻油，堆放在盤中。
4. 鍋中水再燒滾，加入 1 大匙酒，放入腰片，改以極小火泡煮至熟。撈出，迅速泡入冰水中泡至冷。
5. 瀝乾水分，並用紙巾盡量吸乾水分。放入拌汁中拌勻，再堆放在粉皮上，滴下紅油即可。

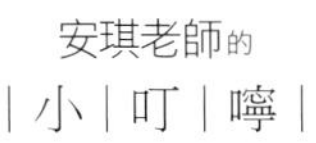

＊豬腰有不同的切法，無論切這種梳子片或是切雙飛片（第一刀不切斷、第二刀才切斷），都不要太薄，以免沒有脆脆的口感。如果在光面切交叉刀紋，再改刀切成腰花亦可，但是腰花較厚，燙的時間要加長些。

＊燙腰花的水量要多些，但放下腰片燙時就要改小火，以免因水大滾而使腰花收縮、變老。

＊腰花不容易入味，最好是拌勻後再放入盤中，如果是上桌才淋汁，不易均勻入味。

＊麻辣腰片鮮嫩開胃，是很受歡迎的涼拌菜。搭配黃瓜、蒟蒻、豆包、萵苣筍、素雞做為墊底，尤其爽口。

紅燒烤麩

材 料：

烤麩 8 塊、香菇 6 ～ 7 朵、筍 2 支、豆乾 6 片、乾木耳 1 大匙
金針菜 30 支、胡蘿蔔 1 小支、毛豆半杯、蔥 2 支、薑 2 片

調味料：

醬油 4 大匙、糖 1 大匙、麻油半大匙

做 法：

1 烤麩撕成小塊，用熱油炸硬，撈出。

2 香菇泡軟，切除蒂頭，視大小分切成片；筍子和豆乾分別切片；胡蘿蔔切小塊；金針菜泡軟、每兩支打成一個結；木耳泡軟，摘洗乾淨；毛豆抓洗乾淨，去掉外層薄的白膜。

3 起油鍋，用 2 大匙油炒香蔥段、薑片、香菇和筍子，加入醬油、糖和水，放入 烤麩和木耳，煮約 20 分鐘。

4 加入胡蘿蔔、豆乾和金針菜，再煮約 10 分鐘。最後放下燙過的毛豆仁，煮透後關火。

5 滴下麻油，拌勻，盛出後放涼再食用。

安琪老師的 | 小 | 叮 | 嚀 |

＊烤麩是高筋麵粉中洗出的麵筋，在素料攤上可以買到，很能吸味，冷吃比熱食更美味。但因為是麵筋製成品，容易發酸，買回後可冷凍或先炸透再儲存。

＊要保持毛豆的綠色，可先用熱水燙 30 ～ 40 秒鐘，撈出沖涼，最後再加入同燒。

油燜筍

材 料：

新鮮桂竹筍 4 支
油 1 ～ 2 大匙

調味料：

醬油 3 大匙
糖 1 茶匙

做 法：

1 新鮮桂竹筍削皮後，先切成 5 公分的段，底部較粗的地方，切成 6 條；中段的切成 4 條；尖端處對剖為二，全部切好。

2 鍋中煮滾 5 杯水，放入筍塊，大火燙約 1 分鐘，倒掉水。鍋中再加水蓋過筍塊，同時加入調味料，開火，煮滾後改小火煮 30 ～ 40 分鐘。

3 至湯汁僅剩 1 杯左右，加入油，搖晃鍋子使油均勻的沾到筍塊上，嚐一下味道，酌加醬油和糖調味。關火，放涼後食用。

安琪老師的
| 小 | 叮 | 嚀 |

＊新鮮桂竹筍的季節很短，大約在每年 4、5 月之間，除了這段時間之外，平時可以用燙熟的桂竹筍取代鮮筍做油燜筍。熟的桂竹筍沒有新鮮桂竹筍的香氣，因此做油燜筍時，可先用大蒜和紅辣椒爆鍋後再燒。

虎皮尖椒

材 料：

糯米辣椒（或翡翠椒）300 公克

調味料：

醬油 2 大匙、冰糖 2 大匙
醋 2 大匙、水 1/3 杯

做 法：

1 辣椒摘去蒂頭，清洗乾淨，擦乾水分。

2 鍋中燒熱 4 ～ 5 大匙油，放下辣椒、煎黃表面，待有焦痕且有香氣時，加入調味料。

3 煮滾後改中火煮至湯汁將收乾，盛出放涼更好吃。

安琪老師的 |小|叮|嚀|

＊糯米辣椒皮很薄，肉質很細嫩，煮的時間不要太長才能保持脆度。
＊翡翠椒煎黃外皮後會有一種特殊的焦香氣，也可以用其他的綠辣椒。

福菜苦瓜

材　料：

苦瓜 1 條
覆菜 60 公克
大蒜 1 粒
紅辣椒 2 支

調味料：

醬油 1 大匙
糖 2 大匙

做　法：

1 苦瓜先對剖，挖除中間瓜籽，切成約 4×6 公分的大塊；覆菜切粗條，在水中泡一下，泡去一點鹹味，擠乾水分。

2 大蒜拍碎；紅辣椒整支不切；起油鍋用 3 大匙油先爆香大蒜末，再加入覆菜一起炒香，加入醬油和糖，一煮滾後放下苦瓜和紅辣椒，加水蓋過苦瓜一半以上，煮滾改小火燒至喜愛的爛度。

3 苦瓜放涼後取出食用。

安琪老師的｜小｜叮｜嚀｜

＊覆菜亦稱福菜，是由芥菜醃製而成的，有特殊的香氣，和苦瓜很搭配。

＊苦瓜具有解熱、消暑、降火氣的作用，夏天時不妨多吃。因為含有 90%以上的水分，可以整個在油中炸至脫水，或切塊了再炸軟來燒，比較快燒軟爛。

＊苦瓜和豆豉小魚也極速配，兩者和大蒜、辣椒炒香了再下苦瓜同燒至軟。

雪菜毛豆

材 料：

雪裡紅 300 公克、絞肉 100 公克
毛豆仁 1 杯、蔥花 1 大匙
泡軟的百頁 100 公克（或豆包 2 片）

調味料：

醬油 2 茶匙、糖 1/4 茶匙
水 3 ～ 4 大匙、麻油數滴

做 法：

1 雪裡紅洗淨後切成細末，擠乾水分；毛豆仁洗去薄膜，放入加了鹽的滾水中煮 2 ～ 3 分鐘，煮透後，撈出沖冷。

2 百頁沖洗一下，擠乾水分，如用豆包，要把豆包撕開成薄片。

3 起油鍋用 2 大匙油炒熟絞肉和蔥花，放入雪裡紅再炒一下，加醬油、糖和水，放下毛豆和百頁，大火炒至湯汁收乾。淋少許麻油，再炒勻即可。

經典涼菜

花生辣丁香

材 料：

丁香魚 100 公克、油炸花生 1 杯
大蒜片 1 大匙、紅綠辣椒各 5 支
蔥 2 支、大蒜酥 1 大匙

調味料：

酒 1 大匙、醬油 1 大匙
鹽、糖各 1/4 茶匙、水 2 大匙

做 法：

1. 丁香魚泡水 5 分鐘，沖洗 2 ～ 3 次後，瀝乾水分；紅辣椒和綠辣椒都切圈；蔥切段。
2. 燒熱約 4 ～ 5 大匙油，放下丁香魚以中火炒至丁香魚變得較酥脆，撈出，油倒掉。
3. 另燒熱 2 大匙油，放下蔥段和大蒜片同炒一下，再放辣椒圈和丁香魚入鍋，淋下酒烹香，再加入醬油和糖翻炒一下，沿鍋邊淋下水，大火炒乾後關火，拌入大蒜酥和油炸花生即可。

爽口白菜捲

材　料：

大白菜葉片 4 片
白蘿蔔絲 1 杯
胡蘿蔔絲 1/4 杯
蘿蔔葉或芹菜 1 支

醃料：

鹽 1 茶匙半

浸泡料：

糖 1 大匙
白醋 2 大匙
味醂 2 大匙

做　法：

1. 大白菜葉修整一下，梗部較厚的地方可以片切掉一些，均勻地撒下 1 茶匙的鹽，放置 20 分鐘以上，待白菜出水，沖洗一下，擠乾水分。
2. 蘿蔔葉洗淨，略切碎；或者用芹菜，連葉子一起切成段。和白蘿蔔絲及胡蘿蔔絲一起混合，撒下剩下的半茶匙鹽抓拌一下，等出水回軟後，擠掉澀水。
3. 白菜葉平舖在砧板上，放上蘿蔔絲等料，包捲成春捲形，放入深盤中，加入浸泡料浸泡，泡時要記得翻面，以便均勻入味，放入冰箱中冷藏。
4. 泡過 1 ～ 2 小時，待要吃之前再切成段排盤，淋上一些汁。

安琪老師的
｜小｜叮｜嚀｜

＊做這道菜不用開火，比較麻煩的是蔬菜都要用鹽抓過，去除澀水，既然要做，乾脆一次多做幾捲，泡入味後要吃的時候再切。料理過程中不但沒有油煙，連爐火都用不上，堪稱是炎夏最清涼的開胃冷菜。

糖醋辣白菜

材　料：

大白菜（約 600 公克）1/2 個
花椒粒 1/2 大匙、紅辣椒 1 支
嫩薑 1 小塊

調味料：

鹽 2 茶匙、麻油 1 大匙
糖 3 大匙、白醋 3 大匙

做　法：

1 白菜切成寬條，撒上鹽，上面壓一個盤子，使白菜能均勻地脫水，醃約 1 小時；紅辣椒去籽、切細絲；嫩薑也切細絲。

2 見白菜已變軟，擠乾水分，仍舊放回盆中，上面放上紅椒絲和嫩薑絲。

3 鍋中放麻油和沙拉油各 1 大匙，放下花椒粒小火炒香，加入糖和醋，一滾即淋到薑絲上（用篩網瀝除花椒粒），再蓋上盤子燜 1 小時。白菜涼後即可食用，放冰箱冰一下也很好吃。

安琪老師的
｜小｜叮｜嚀｜

＊這道菜是取花椒的香氣，因此爆花椒粒的火候很重要，要小火慢慢炒才香，否則會有苦味。喜歡花椒味重一點的，可以連花椒粒一起浸泡白菜。

＊辣白菜放在冰箱中可冰存一個星期，不妨多做一些。若以乾辣椒代替紅辣椒，也另有一番風味。

糖醋海帶結

材 料：

海帶結 450 公克
白芝麻 1 大匙
油 1 大匙

拌 料：

醋 2 大匙、糖 2 大匙
醬油 2 大匙、酒 1 茶匙
味醂 1 大匙、水 1/2 杯

做 法：

1 鍋中放入海帶結、2 杯冷水和 1/2 大匙的醋，一起煮至滾，改小火再煮約 20 分鐘以上，至海帶結已有 8 分爛，撈出海帶結。

2 炒鍋中放入 1 大匙油和糖，開火，以小火慢慢熬煮，炒到糖溶化，略微成茶色，加入醋、醬油、酒、味醂和水，煮滾。

3 再改成中火，放入海帶結，慢慢燒到收汁，關火，盛出。待涼後撒下白芝麻。

糖醋黃瓜捲

材 料：

黃瓜 4 支、紅辣椒 1 支
鹽 1 茶匙

浸泡料：

糖 4 大匙、白醋 4 大匙
水 4 大匙

做 法：

1. 黃瓜洗淨，整條放在盤子上，均勻地撒上鹽，用手搓動黃瓜，放置約 10 分鐘。
2. 見黃瓜已經變軟，將黃瓜切成 3 公分的段，用小刀將黃瓜皮旋轉削下，至接近黃瓜籽的地方就停止。
3. 將浸泡料放入碗中調勻，黃瓜一捲一捲的放在碗中，加入辣椒絲一起浸泡，約 30 分鐘左右即可食用。

安琪老師的
|小|叮|嚀|

＊黃瓜含水量高達 96 ～ 98％ ，非常脆爽，是很好的涼拌食材，幾乎適合任何口味，除了糖醋外，麻辣、酸辣、三合油或是西式的沙拉也經常用到。

芝麻牛蒡

材 料：

牛蒡 1 支、胡蘿蔔 1/2 小支
芝麻 1 大匙

調味料：

柴魚醬油 2 大匙、味醂 1 大匙
糖 1 大匙

做 法：

1. 牛蒡用刀背輕輕刮去外皮，再切成絲，泡入水中。
2. 胡蘿蔔也切絲；芝麻放入乾的鍋中，以中小火炒至微焦黃。
3. 牛蒡瀝乾水分，鍋中燒熱 2 大匙油，放入牛蒡，炒至香氣透出且微軟化時，加入胡蘿蔔同炒。
4. 加入調味料再繼續炒，約 2 ～ 3 分鐘，待醬汁被吸收即可關火，撒下白芝麻。

| 開 | 胃 | 拌 | 菜 |

雞絲黃瓜

材　料：

小黃瓜 2 支、粉皮 1 包
雞胸肉 1 片、大蒜 2 粒

調味料：

醬油 2 大匙
鎮江醋 2 大匙
糖 1/4 茶匙
麻油 1 大匙

做　法：

1. 小黃瓜先切片，再切成細絲；粉皮切寬條，用冷開水沖洗一下，瀝乾。
2. 雞胸肉抹少許酒和鹽，放入碗中，並加入 2 大匙水，放入電鍋蒸 15 分鐘至熟，取出放涼，撕成細絲。
3. 黃瓜放盤中，上面堆放粉皮，再放上雞絲。
4. 大蒜用磨板磨成泥或搗成泥。
5. 小碗中調勻調味料，加入蒜泥攪勻，嚐一下味道，淋在雞絲上，吃前再拌勻。

安琪老師的｜小｜叮｜嚀｜

＊乾粉皮或寬粉條泡軟、燙過後可以代替粉皮。

豆乳雞絲

材 料：

雞胸肉 1 片、金針菇 1 包
胡蘿蔔 1/2 小支
香菜 2 ～ 3 支

調味料：

豆腐乳 1 塊、糖 1/4 茶匙
冷開水 2 大匙、麻油 1/4 茶匙

做 法：

1. 雞胸肉抹少許鹽，放入電鍋中蒸熟，取出，待涼後撕或切成細條。
2. 胡蘿蔔切絲，抓少許鹽軟化一下，擠去水分；香菜去根、切段。
3. 金針菇切除尾端，洗淨，放入滾水中燙 30 秒鐘，撈出，瀝乾水分。
4. 豆腐乳加糖一起壓成泥狀，再加冷開水和麻油調稀一點。
5. 雞絲、胡蘿蔔、金針菇和香菜一起用調味料拌勻。

甜椒拌牛肚

材 料：

牛肚（約 200 公克）1/2 個
紅甜椒 1/3 個、黃甜椒 1/3 個
青蒜 1/3 支

煮牛肚料：

蔥 1 支、薑 2 ～ 3 片、 八角 1 顆
酒 2 大匙、滷包 1 個、鹽 2 茶匙

調味料：

淡色醬油 1 大匙、麻油 1/2 茶匙
鹽 1/4 茶匙、糖 1/2 茶匙、沙茶醬 1 大匙

做 法：

1. 牛肚切成 4 塊，放入冷水中（水要蓋過牛肚）煮至滾，再以中火煮約 5 分鐘，取出。
2. 煮牛肚料和 7 ～ 8 杯水煮滾，放入牛肚煮 1 個半小時以上，至喜愛的酥軟程度。
3. 待牛肚涼後，取需要的量切粗條，其餘的可以冷凍儲存。
4. 紅、黃甜椒切絲；青蒜橫片一刀後斜刀切絲。
5. 調味料調勻後，放入所有食材拌勻即可裝盤。

蟹腿蘆筍

材 料：

蟹腿肉 200 公克
蘆筍 1 把約 15 支

調味料：

鹽少許、胡椒粉少許
XO 醬 1 ～ 2 大匙

做 法：

1 蟹腿肉解凍後，一條一條分開，沖洗後擦乾水分，撒上鹽、胡椒粉，拌勻。

2 蘆筍切除較老的尾部，再斜切成段。

3 燒滾 5 杯水，水中放少許鹽，分別將蟹腿肉和蘆筍燙熟，撈出，放入大碗中。

4 拌上 XO 醬即可。

海雜拌兒

材 料：

海參 2 條、小蝦 15 隻、新鮮干貝 4 粒、蛤蜊 15 粒、小黃瓜 1 支
乾木耳 1 大匙、蔥 1 支、薑 2 片、花椒粒半大匙、嫩薑絲 1 撮

醃 料：

鹽少許、太白粉 2 茶匙

花椒油拌料：

酒 1 茶匙、醬油 1 大匙、鹽 1/3 茶匙、糖 1/4 茶匙、胡椒粉少許
麻油半茶匙

做 法：

1 海參放鍋中加冷水 3 杯、薑 2 片及酒少許煮 5 分鐘以去除腥氣，取出打斜刀切片。

2 小蝦剝殼抽腸泥、鮮干貝橫片成兩片，一起用醃料抓勻，醃 20 分鐘；蛤蜊用薄鹽水泡 1 ～ 2 小時以吐沙，用水煮至開口，立即撈出，剝出蛤蜊肉。

3 乾木耳用多些水泡漲，摘好；黃瓜切菱角片；蔥切細絲。

4 煮滾 4 杯水，放下木耳和黃瓜汆燙，一滾即撈出。再放入蝦仁和鮮貝燙熟，撈出。所有材料都放在大碗中。

5 在 1 ～ 2 大匙的油中放下花椒粒，小火爆香後撈棄花椒粒，做成花椒油，加入拌料中的各種調味料，一煮滾即淋入海參碗中，再加上蔥絲一起拌勻，裝盤，擺上嫩薑絲。

安琪老師的
|小|叮|嚀|

* 花椒油是用小火慢慢把花椒粒爆香，而不是用花椒粉。北方式的拌菜喜歡用花椒油增加香氣，新鮮淡菜、珊瑚貝、新鮮魷魚、魚片等也都很適合用來做這道拌菜。
* 花椒油也很適合蔬菜類，燙過的白花椰菜拌上花椒油，放涼後也很好吃。

開胃拌菜

沙茶魚片

材 料：

鯛魚肉 200 公克、萵苣筍 1 條、寬粉條 1 把、蔥 1 支、薑 2 片
嫩薑絲 1 撮

醃魚料：鹽 1/4 茶匙、水 2 ～ 3 大匙、蛋白 1 大匙、太白粉 1 大匙

沙茶拌料：

沙茶醬 1 大匙、醬油 1 大匙、糖 1 茶匙、熱開水 1 大匙、麻油 1 茶匙
醋 1 茶匙

做 法：

1 魚肉打斜刀切片，用鹽和水先抓拌至有黏性且膨脹，最後拌上太白粉，放置約 10 ～ 15 分鐘。

2 萵苣筍削皮後切成薄片，用少許鹽醃十餘分鐘，沖洗一下，擠乾水分。嫩薑絲泡入冰水中 5 ～ 10 分鐘。

3 寬粉條泡軟，剪短一點，放入滾水中燙煮至軟，撈出，趁熱拌上一點麻油，放在盤中，上面再放上萵苣筍片。

4 鍋中將 5 杯水和蔥、薑、少許酒一起煮滾，一片一片放下魚片，待魚片變白後，用鍋鏟輕輕撥動，使魚片分散、燙熟。

5 魚片燙熟後撈出，放在萵苣筍上，再放下嫩薑絲，淋上調勻的沙茶拌料便可上桌，吃前輕輕拌勻即可。

安琪老師的 | 小 | 叮 | 嚀 |

* 沙茶醬的口味不同，要先嚐過後、再加調味料調整味道。
* 魚片由於本身味淡，適合搭配各種調味料來拌食，例如沙茶、椒麻、紅油、三合油、麻辣醬汁，只要夠味都能帶出魚片的鮮嫩。

熗墨魚花

材 料：

新鮮魷魚（大的 1 條、小的 2 條）、乾木耳 1 大匙、菠菜 300 公克
蔥 1 支

調味料：

黃色芥末粉或綠色芥末醬 1 大匙、米酒 1 茶匙、溫水 1 大匙
醬油 2 大匙、醋 2 大匙、麻油 1 大匙、鹽 1/4 茶匙、糖 1/4 茶匙
胡椒粉少許、薑汁 1 茶匙

做 法：

1 鮮魷洗淨，在內側切上交叉的刀紋，再分割成約 4 公分大小的菱角形。

2 木耳泡軟，摘好，撕成小朵；蔥切細絲。

3 芥末粉中先加米酒或溫水調成糊狀，燜 2 ～ 3 分鐘，至辣氣透出後，加其餘拌料調勻。

4 鍋中煮滾一鍋開水，先放入整支的菠菜一燙即撈出，瀝乾水分，切成 4 公分的段，排在盤中。

5 木耳也放入水中燙一下，撈出，堆放在菠菜上。

6 水重新煮滾，放入鮮魷汆燙，待一捲起，變色，立刻撈出，放在木耳上，再撒下蔥絲，淋下拌汁，上桌拌勻。

安琪老師的 |小|叮|嚀|

* 家常做這道菜可以把材料一起放入大碗中，先拌勻再裝盤。用來墊底的蔬菜可以自行搭配，把粉絲燙一下墊在下面也很好吃。
* 墊底的食材一定要瀝乾水分，以免使拌料稀釋，味道變淡。
* 帶有芥末嗆辣香氣的拌菜，在炎炎夏日特別受歡迎，蝦仁、水發魷魚、新鮮干貝、魚片、蛤蜊等海鮮料，都可以用這種芥末口味來拌。

芥辣蝦絲

材　料：草蝦 5 隻、新鮮粉皮 1 張、綠竹筍 1 支、太白粉 1 杯

醃蝦料：鹽少許、胡椒粉少許、蛋白半個

芥辣拌料：

黃色芥末粉或綠色芥末醬（哇沙米）1 大匙、芝麻醬 1 大匙
淡色醬油 1 大匙、麻油 1/2 大匙、鹽 1/4 茶匙、糖半茶匙
胡椒粉少許

做　法：

1. 草蝦去殼、洗淨，每隻橫面片切成 2 片，全部用醃蝦料拌勻，放約 10 分鐘左右，再埋在太白粉堆中沾裹，用力壓成一大片。
2. 竹筍放入 3 杯水中煮熟（視大小約 30 ～ 40 分鐘），或直接用電鍋（加水）蒸 40 分鐘至熟，待涼透後切片。
3. 新鮮粉皮把厚的地方剝開，再切成約 2 公分的寬條，用冷開水沖洗一下，瀝乾水分後拌一些麻油，放在盤中，再放上筍片。
4. 小碗中放芝麻醬，先慢慢加水調稀，再加入芥末醬等拌料調勻。
5. 蝦片投入滾水中汆燙至熟，撈出後迅速泡入冰水中，涼透後瀝乾，在乾淨砧板上切成絲條狀，堆放在筍片上，淋下拌料上桌。

安琪老師的
｜小｜叮｜嚀｜

* 蝦片外因沾裹了太白粉，會增加滑嫩的口感，但不要沾太多且要沾均勻，燙煮時要見到太白粉都變透明了才可撈出。
* 新鮮粉皮不耐久放，買的當天沒吃的話要放冰箱，以免發酸。放冰箱後會變硬，吃之前要先燙過，燙軟後沖涼再拌。
* 可以用真空包裝的熟綠竹筍，切條或切片後汆燙一下即可，很方便。
* 芝麻醬的濃稠度不同，吸水量也有差，要一點一點慢慢加水，邊加邊攪拌調稀。另有一種日式芝麻醬，顏色淺，本身已調過濃稠度，不必再加水。

肉燥灼拌鮮蔬

材　料：

高麗菜嬰 300 公克

拌　料：

香菇肉燥醬 2 大匙
（做法見 p14）

做　法：

1 高麗菜嬰依大小對剖為兩半或者 1 切為 4，沖洗乾淨。

2 鍋中燒滾 5 杯水，水中加鹽 1 茶匙和油 1 大匙，放下高麗菜嬰，燙至水再滾起，撈出高麗菜嬰，瀝乾水分排入盤中，淋下肉燥醬即可。

安琪老師的｜小｜叮｜嚀｜

* 可以燙的青菜很多，依蔬菜的硬度來決定燙的時間，如果燙菠菜、空心菜、大陸妹（萵苣）一類軟性蔬菜，則時間要更短。
* 肉燥的用途很廣，無論淋在燙青菜上或做肉燥飯、肉燥麵都很好吃，隨手就可以變出很多菜來。

開胃拌菜

洋菜拌三絲

材 料：

洋菜（約 12 公克）1/3 包
小黃瓜 1 支
胡蘿蔔 1/2 小支、蛋 2 個
蒜泥 1 茶匙

調味料：

日式芝麻醬 2 大匙
柴魚醬油 1 大匙
醋 1/2 大匙
麻油 1/2 茶匙

做 法：

1. 洋菜剪成約 4 公分長，泡入溫水中至軟化，擠乾水分。
2. 小黃瓜和胡蘿蔔分別切絲；蛋打散，鍋中塗少許的油，將蛋汁煎成蛋皮，再切成絲。
3. 蒜泥和調味料先調勻。
4. 洋菜和三絲放入盤中，淋上調味料，吃時拌勻。

開胃拌菜

拌老虎醬

材　料：

小黃瓜 2 支、蝦皮半杯、青椒半個、小綠辣椒 2 支、紅辣椒 3 支
蔥 3 支、香菜 2 支

拌　料：

甜麵醬半大匙、豆瓣醬 1 茶匙、味噌 1 茶匙、醬油 1 大匙
糖半大匙、麻油 1 大匙

做　法：

1 小黃瓜直條對剖成 4 條，去籽，再切成 1 公分寬的丁，放在大碗內。

2 青椒去籽，切成片狀；小綠、紅辣椒切成小段；蔥選蔥白部分切丁；香菜洗淨，切短段。

3 全部材料放碗中，加入拌料仔細拌勻。

4 蝦皮加水泡洗一下，抓起浮在水上的蝦皮，擠乾水分，拌入黃瓜中，拌勻即可裝小碟。

安琪老師的｜小｜叮｜嚀｜

* 蝦皮本身已有鹹味，因此先不要和黃瓜一起拌，以免吸了太多的醬料而過鹹，最好在黃瓜拌了 5 ～ 10 分鐘後再加入。
* 這道小菜是北方的家常小菜，取各種醬料的香，和黃瓜的脆，很開胃但不宜太鹹。
* 怕辣的人可以都用大青椒和紅甜椒來拌，也可以加入五香花生米。

開胃拌菜 醋拌藕片

材 料：

蓮藕 300 公克、大蒜 2 粒
香菜 2 ～ 3 支

調味料：

鹽 1/2 茶匙、糖 1 大匙
醋 2 大匙、麻油 1/2 茶匙

做 法：

1 選擇嫩藕，薄薄的削去外皮，同時要去掉藕節的部分，切成薄片。

2 大蒜剁成碎末；香菜切段。

3 鍋中煮滾水，放入藕片快速汆燙一下，撈出後迅速泡入冰水中，涼後撈出，瀝乾水分，放入大碗中。

4 加入蒜末、香菜段和調味料拌勻，放置 5 ～ 10 分鐘即可。

梅汁紅麴藕片

材　料：

蓮藕 300 公克
紫蘇梅 10 ～ 12 粒

調味料：

糖 2 大匙、醋 1 茶匙
紅麴 2 大匙、水 4 大匙

做　法：

1 選擇嫩藕，削皮後切成薄片，藕節部分切去不用。

2 用滾水將藕片燙一下，撈出後沖冷水，涼後瀝乾水分。

3 紫蘇梅剪下梅子肉，將梅肉剪成小粒，連核一起拌入調味料中。

4 放入藕片拌匀，放置 3 ～ 4 小時，待入味即可。

安琪老師的 |小|叮|嚀|

＊如果紫蘇梅帶梅汁時，可加入一起醃拌。

涼拌擎藍

材　料：

擎藍（大頭菜）1/2 個
香菜 2 ～ 3 支、大蒜 1 粒
紅辣椒 1 支

調味料：

（1）鹽 1 茶匙
（2）味醂 1 大匙、糖 1 大匙
　　檸檬汁 1 又 1/2 大匙
　　鹽 1/4 茶匙、麻油 1/2 茶匙

做　法：

1 大頭菜削皮，切成片，加入 1 茶匙鹽，抓拌一下，待出水、回軟後，擠乾水分。

2 香菜切末；大蒜剁碎；紅辣椒切丁。

3 大頭菜、香菜、大蒜末和紅辣椒一起拌上調味料（2），放 2 ～ 3 分鐘，入味即可。

開胃拌菜 酸辣拍黃瓜

材 料：

小黃瓜 3 支、大蒜 2 ～ 3 粒、紅辣椒 1 支

醃料：

鹽 1/2 茶匙、糖 1 茶匙

調味料：

醋 1 大匙、糖 1 大匙、麻油 1 茶匙

做 法：

1. 小黃瓜用刀面拍裂開，盡量去除瓜籽，切成段，拌上鹽和糖，一起醃約 10 分鐘。
2. 紅辣椒去籽，切段；大蒜拍碎。
3. 黃瓜擠去澀水，拌上大蒜、紅辣椒和調味料，即可。

安琪老師的｜小｜叮｜嚀｜

＊完全用鹽來醃會太鹹，可以加糖一起醃。

黃瓜拌涼粉

材 料：

小黃瓜 2 支、涼粉捲（或塊）2 盒

大蒜 2 粒、香菜 1 支

三合油拌料：

醬油 2 大匙、鎮江醋 1 大匙

糖 1 茶匙、麻油 1 大匙

做 法：

1 小黃瓜先切片、再切成細絲；涼粉捲攤開鋪平，切成條。黃瓜放盤中，上面堆放涼粉條。

2 大蒜用磨板磨成泥或搗成泥。香菜洗淨，剁成短末。

3 小碗中調勻拌料，加入蒜泥攪勻，嚐一下味道，淋在涼粉上，再放上香菜段，吃前再拌勻。

安琪老師的 |小|叮|嚀|

* 這裡的黃瓜不醃鹽，直接切絲就拌來吃，因此要切細一點才脆爽、好吃。切好後可以放冰箱中冷藏 1 ～ 2 個小時，冰一點會更好吃。
* 北方菜中的三合油，以醬油、麻油和醋來拌，是非常普遍又好吃的涼拌汁，比例可以隨個人喜愛變化。粉皮、寬粉條燙過後都可以用同樣方法來拌。

川味涼粉

材 料：

涼粉捲或涼粉塊 1 盒
五香花生米 2 大匙、蔥花 2 大匙

調味料：

辣椒醬 2 茶匙、蒜泥 1 茶匙
水 2 大匙、醬油 1/2 大匙
糖 1/4 茶匙、麻油 1/2 大匙
紅油 1 大匙

做 法：

1 涼粉用冷開水沖洗，瀝乾，切成條，排入盤中。花生米一半放塑膠袋中，用刀面或槌子拍碎成顆粒。

2 調味料在碗中調勻，加花生細末拌勻，淋在涼粉上。

3 撒下蔥花和剩下的花生（也可以略拍一下）。

安琪老師的 |小|叮|嚀|

＊涼粉捲或涼粉塊都可以用來涼拌，涼粉塊要先切成片再切條。

芥汁洋芹

材 料：

西洋芹菜 4 支

調味料：

鹽 1/2 茶匙、糖 1 大匙

芥末拌料：

黃色芥末粉 1 又 1/2 大匙
冷開水 1 又 1/2 大匙
麻油 2 大匙、醋 1 茶匙
糖 1 茶匙

做 法：

1 將芹菜上硬筋用削皮刀輕輕削下，切成約 5 公分長段。

2 燒滾半鍋水（水中加鹽 1/2 茶匙），放入芹菜，大火燙約 15 ～ 20 秒鐘，撈出後快速沖涼，再在冰水中浸泡約 5 ～ 10 分鐘。

3 瀝乾芹菜，並用紙巾擦乾水分，加入鹽及糖拌勻，醃 15 分鐘後再瀝乾汁液。

4 芥末粉用冷開水調稀，加入麻油、醋、糖，再仔細調拌成膏狀，澆到芹菜中，反覆調拌，裝到碟中即可供食。

涼拌木耳

材 料：

乾木耳 15 公克、洋蔥 1/3 個
紅辣椒 1/2 支、香菜 1 ～ 2 支

調味料：

醋 2 大匙、糖 1/2 茶匙
黃芥末粉 2 茶匙（或綠色芥末醬）
麻油 1/2 茶匙

做 法：

1. 木耳泡冷水至發漲、柔軟，摘去蒂頭，沖洗乾淨，放入滾水中燙煮 3 ～ 5 分鐘，撈出，沖涼。
2. 洋蔥切細條；紅辣椒切絲，一起泡入冰水中，浸泡 5 分鐘，瀝乾水分；香菜切段。
3. 芥末粉調水 2 茶匙成糊狀，攪拌一下，使之產生辣氣，再加入其他調味料調勻。
4. 放入木耳、洋蔥、紅椒、香菜和調味料，拌勻後放置 5 ～ 10 分鐘更加入味即可。

安琪老師的
｜小｜叮｜嚀｜

＊沒有粉狀黃芥末粉時，可以改用綠色芥末醬，不必調水直接用即可。

涼拌西瓜

材 料：

西瓜白肉 2 ～ 3 片
洋蔥 1/2 個、豆包 2 片
蔥 1 支、紅辣椒 1 支
香菜 2 ～ 3 支、蒜泥 1 茶匙

調味料：

醬油 2 大匙、糖 1 大匙
醋 2 大匙、麻油 1 大匙

做 法：

1 西瓜修去紅色部分，只取用白色部分，太厚的話可以橫著片切成 2 片，再切成絲。

2 洋蔥切絲後浸泡在冰水中，泡至略透明、沒有辛辣氣味，瀝乾水分；豆包打開成薄片，順紋切成絲，用冷開水沖洗一下，瀝乾。

3 蔥和紅辣椒切成絲，也泡一下冰水；香菜切段。

4 所有材料放大碗中，加蒜泥和所有調味料拌勻即可。

雙味苦瓜

材 料：

苦瓜 1 條、蔥 1 支
大蒜 1 ～ 2 粒、紅辣椒 1 支
香菜 1 支

五味醬拌料：

醬油 1 大匙、番茄醬 1 大匙
醋 2 大匙、糖 2 大匙、鹽少許
麻油 2 茶匙

千島沾醬：

美乃滋 3 大匙、番茄醬 1 大匙

做 法：

1 苦瓜直剖開，挖除瓜籽，再直切成兩半，由正面打斜刀、片切成薄片，泡入水中，放入冰箱中冰 2 小時。

2 蔥切碎；大蒜磨泥；紅辣椒去籽、切碎；香菜切細末；4 種辛香料和五味醬拌料調勻，做成五味醬。

3 美乃滋和番茄醬調勻做成千島沾醬。

4 苦瓜瀝乾水分，再用紙巾吸乾水分。拌五味醬的苦瓜，最好拌了之後，放置 1 小時使它入味。千島醬則沾食即可。

安琪老師的
|小|叮|嚀|

* 苦瓜有深綠色的山苦瓜、較苦，白色的苦瓜比較脆而不苦。要選表面顆粒光滑、沒有皺紋的會比較新鮮。時間較短時，可以用冰水浸泡，使苦瓜較脆。
* 苦瓜挖除瓜籽後，可以由內部片切掉硬囊，使苦瓜有較脆嫩的口感，如不切除，吃起來比較老硬。

涼拌茄子

材 料：

茄子 2 條、大蒜 2 粒
紅辣椒 1 支

調味料：

醬油 2 大匙、麻油 1 大匙
醋 1 大匙、糖 1 茶匙

做 法：

1 茄子洗淨，切去蒂頭，擦乾水分，放入約 8 分熱的油中，以中小火炸至軟，撈出，立刻泡入冷水中，至完全涼透。

2 涼後馬上取出茄子，略吸乾多餘的水分，切成約 5 公分的段，再對切成兩半或撕成條，排入盤中。

3 大蒜拍碎，再剁幾下；紅椒去籽，切小粒，一起放入碗中和拌料混合，淋在茄子上即可。

安琪老師的 | 小 | 叮 | 嚀 |

* 要保持茄子的紫色就要用熱油去炸，炸時要翻動茄子，撈出立刻泡水。茄子太長無法放入油鍋中，可以先切成兩半再炸。不在乎一定要紫的顏色，用蒸的即可，也有削了皮再蒸的，口感較細嫩。
* 炸的方法可以使茄子較快軟，約炸 1 分鐘即軟，蒸的約要蒸 10 分鐘。

滷香菇

材　料：

花菇 8 朵
蔥 1 支
薑 2 片
太白粉 1 大匙

調味料：

醬油 2 大匙
冰糖 1/2 大匙
烹調用油 1 大匙

做　法：

1. 花菇用冷水泡 5 分鐘，抓洗後水倒掉，另加水浸泡（水要超過菇面 2 公分）約 8 ～ 10 小時至花菇已軟。
2. 剪除菇蒂，略擠乾水分，放入碗中，加入太白粉抓洗花菇，再用清水沖洗乾淨，放入蒸碗中。
3. 加蔥段、薑片、調味料和泡香菇的水（蓋過花菇），放入蒸鍋（或電鍋）中蒸 30 ～ 40 分鐘。取出蔥和薑，花菇連湯汁一起倒入炒鍋中，以中火收汁至略有稠度，關火，加少許麻油，浸泡至涼。
4. 花菇切片，淋下湯汁、裝盤即可。

安琪老師的
｜小｜叮｜嚀｜

＊泡花菇時最好壓一個盤子在上面，使菇能均勻地泡到水。

＊泡花菇的時間長短與菇的厚薄、大小均有關係，可以自己增減泡的時間，泡到透即可。

開胃拌菜

滷花生

材 料：

花生 600 公克
八角 2 粒

調味料：

鹽適量、蔥花少許
醬油少許、麻油少許

做 法：

1 花生泡冷水一夜（或 8 小時以上），泡透後將水倒掉。

2 另加水，要蓋過花生約 1 公分，放入八角，煮約 30 分鐘至 8 分爛。

3 加入適量的鹽調味，再繼續煮至水將收乾時，關火燜入味。

4 要吃時取適量的花生，拌上少許的蔥花、醬油和麻油。

安琪老師的
|小|叮|嚀|

* 新收成的花生外皮顏色較淺，較快煮爛，煮約 30 分鐘即可，反之，收成已久的花生，外皮紅，要煮約 40 分鐘才會爛，可以試吃一下再決定煮的時間。
* 產地不同的花生品質亦不同，時間要掌握好。

醋拌花生

材 料：

油炸花生 1 杯、香菜 1 支

調味料：

醬油 1 茶匙、醋 1 大匙、糖 1 茶
鹽 1/6 茶匙、水 1/3 杯

做 法：

1 香菜洗淨，切段，和花生同放碗中。

2 調味料調勻，臨吃之前，倒入花生中拌一下。

安琪老師的
｜小｜叮｜嚀｜

＊油炸花生放久了會軟，因此要吃多少拌多少。

香麻毛豆

材 料：

新鮮毛豆莢 300 公克
八角 2 粒
花椒粒 1/2 大匙

調味料：

鹽 1 茶匙

做 法：

1 毛豆莢先剪去兩頭的尖角，再放入盆中，加鹽搓洗，盡量洗去外莢上的細毛，用水沖過，瀝乾水分。

2 燒開 5 杯水，放下鹽、八角和花椒粒，煮滾後放下毛豆莢，小火煮約 8 分鐘。

3 撈出毛豆，如希望保持綠色，可以快速沖涼即可。

安琪老師的
|小|叮|嚀|

＊喜歡口味重一些的話，可以在毛豆撈出後拌上一些粗粒黑胡椒粉。

滷豆乾

材 料：

豆乾（500 公克）15 片
五花肉（150 公克）1/2 條
五香包 1 包、薑 1 片
蔥花 1 大匙

調味料：

醬油 2 大匙、酒 1 大匙
冰糖 1 茶匙、鹽 1/2 茶匙
麻油少許

做 法：

1 五花肉切塊，鍋中加熱 1 大匙油，放下薑片和五花肉炒香，淋下酒和醬油炒香。

2 加入 3 杯水煮滾，放五香包、冰糖和鹽，先滷肉 20 分鐘，再放下豆乾，以大火煮 10 分鐘後改以小火再煮 10 分鐘。

3 關火，浸泡至涼，取出豆乾切片，放入盤中後撒下蔥花，滴下麻油，淋適量滷湯。

安琪老師的 |小|叮|嚀|

＊五花肉是增加滷豆乾的香氣和鮮味，如果家中有老滷湯，放入滷湯中滷，就不用再放五花肉了。

翡翠香乾

材 料：

菠菜或茼蒿菜 300 公克
豆乾 150 公克

調味料：

鹽 1/3 茶匙、糖 1/6 茶匙
麻油 1 茶匙

做 法：

1 青菜摘好，用滾水快速汆燙，撈出，立刻沖涼，擠乾水分，剁成細末。

2 豆乾放熱水中，小火燙煮 1 分鐘，撈出，沖涼後也剁碎。

3 青菜和豆乾一起放入碗中，加入調味料仔細拌勻。

香乾拌白菜

材 料：

大白菜半棵、豆乾 5 片
胡蘿蔔 100 公克
油炸花生米 2 大匙
蔥 1 支、香菜 2 支
紅辣椒 1 支

拌 料：

鹽 1/4 茶匙、醋 2 大匙
淡色醬油 2 大匙
糖 1 茶匙、麻油 2 大匙

做 法：

1 大白菜多用梗部，切成細絲；胡蘿蔔切細絲；蔥先橫片開，再切成絲。3 種材料先放在大碗中，撒下鹽半茶匙，輕輕拌合，放置 10 分鐘。倒掉水分。

2 豆乾橫片成 2 ～ 3 片，再切成絲，用熱水汆燙一下，瀝乾水分。

3 油炸花生去皮；香菜洗淨，切短段；紅辣椒去籽，切成細絲。

4 6 種切絲的材料放大碗中，加拌料拌合，最後加入花生米即可裝盤上桌。

安琪老師的
｜小｜叮｜嚀｜

* 大白菜最好剝除外面較老的葉片，留做他用，只選靠中間較嫩的葉片的梗部來切絲，尤其是夏天白菜較老的時候，要注意選白菜才會好吃。
* 白菜、胡蘿蔔和蔥絲先醃一下鹽，可以脫除一些菜的生澀味，也可以使菜先入味。
* 蔥絲和辣椒絲切好後，泡一下冷開水再拌，可以減少辛辣氣。喜歡重一點口味的話，可以磨一些蒜泥加在拌料中一起拌。也可以加辣油，增加辣味。

海帶五絲

材 料：

綠豆芽 150 克、海帶絲 100 公克、粉絲 1 把、豆乾 4 片、蔥 1 支
紅辣椒 1 支

拌 料：

淡色醬油 2 大匙、醋半大匙、糖 1 茶匙、麻油 2 大匙、鹽適量

做 法：

1. 綠豆芽摘好，放入滾水中燙約 10 秒鐘至脫生，撈出沖冷水，瀝乾水分。
2. 海帶絲洗淨，放入鍋中，加薑片、蔥段和水，小火煮至喜愛的軟度，切短一點備用。
3. 豆乾先橫片成極薄的薄片，再切成細絲，放入滾水中汆燙一下，撈出，瀝乾水分，放涼。
4. 粉絲泡軟，也放入滾水中燙煮約 20 秒鐘，至透明即可撈出，用冷開水沖涼，切短。
5. 蔥橫片開後切絲、泡水；紅辣椒去籽，切細絲（怕辣者可以泡水）。
6. 鍋中燒熱 1 大匙油，爆香蔥絲後放下拌料，一滾即可關火，放下所有材料拌合，嚐一下味道後便可盛出，放涼後食用。

安琪老師的 | 小 | 叮 | 嚀 |

* 海帶可燙煮 10 ～ 15 分鐘左右，太硬不好吃。海帶公認是最好的鹼性食物，簡單用三合油來涼拌就很好吃，可以加上各種時蔬和豆乾一起拌，既清爽又開胃。
* 放了豆乾的涼拌菜容易酸壞，要特別注意。

涼拌乾絲

材　料：

乾絲 300 公克、芹菜適量
胡蘿蔔適量
小蘇打粉 1 茶匙

調味料：

鹽 1/3 茶匙、麻油 2 茶匙
魚露 2 茶匙

做　法：

1. 乾絲在水中漂洗數次，待水清時瀝乾水分。
2. 芹菜摘好，切成段；胡蘿蔔切絲，抓拌少許的鹽，待胡蘿蔔略微軟化後，擠乾水分。
3. 煮滾 6 杯水，水中加入小蘇打粉，放下乾絲汆燙 10 秒鐘，撈出用冷水沖洗，並以冷開水再沖過，瀝乾水分，再輕輕的加以擠乾。
4. 放下芹菜段也汆燙一下，撈出，沖涼。
5. 乾絲和胡蘿蔔絲、芹菜段一起調味即可。

辣拌黃豆芽

材 料：

黃豆芽 300 公克

調味料：

大蒜末 1 茶匙、蔥花 1 大匙
辣豆瓣醬 1 茶匙、鹽適量
麻油適量、白芝麻 1 大匙

做 法：

1 黃豆芽洗淨，用滾水汆燙 1 分鐘，撈出。

2 大蒜末、蔥花、辣豆瓣醬和鹽、麻油先在大碗中攪勻，放下熱的黃豆芽拌勻，放置 20 ～ 30 分鐘。

3 拌入白芝麻和辣椒粉，再適量加一些麻油，裝盤。

開胃拌菜

皮蛋拌豆腐

材 料：

豆腐 1 塊、皮蛋 1 個、榨菜少許
蝦米適量、蔥花 1 大匙

拌 料：

甜醬油或醬油膏 1 大匙
麻油 1 大匙

做 法：

1 豆腐用冷開水沖一下，1 切為 2，放在盤中。

2 皮蛋切丁；榨菜用冷開水漂洗一下，剁碎；蝦米泡軟，摘去頭腳的硬殼，略剁小一點。3 種材料撒在豆腐上，再撒上蔥花。

3 淋下甜醬油和麻油即可上桌。

安琪老師的 | 小 | 叮 | 嚀 |

* 有香椿芽的時候，加入豆腐中一起拌，有人喜歡它的特殊香氣。一般時候，常以雪裡紅、蔥花或柴魚片來增香，也可以加入肉鬆、魚鬆。
* 川菜中常用的甜醬油很適合做涼拌菜，它比醬油有香氣，略帶甜味，不用加味精，可以長時間存放。

辣味泡菜

材　料：

高麗菜 600 公克
鹽 1/2 大匙

調味料：

辣豆瓣醬 2 大匙
冰糖 2 大匙

做　法：

1. 高麗菜洗淨，瀝乾後用手撕成大片，攤開在托盤中，風乾水分。加鹽拌勻醃 2 小時。
2. 將醃過的高麗菜沖一下水，擠乾水分，加上調味料拌勻，放置 1 小時後即可食用。

安琪老師的 ｜小｜叮｜嚀｜

＊此種用辣豆瓣醬來做的泡菜，因醬料本身已有鹹味，所以高麗菜要醃得淡些，拌起來才恰到好處。

開胃拌菜

四川泡菜

材 料：

高麗菜 1/2 個、白蘿蔔 1 個
胡蘿蔔 1 小支

泡菜滷：

鹽 3 大匙、花椒粒 1/2 大匙
開水 8 杯、高粱酒 2 大匙
嫩薑 10 片、大蒜 5 粒
紅辣椒 5 支

做 法：

1 泡菜的容器洗淨，擦乾，放入鹽和花椒粒，沖入開水。放至涼透後，加進酒、薑片、大蒜片和紅辣椒段，攪動一下拌勻，做成泡菜滷。

2 高麗菜撕成小片，蔬菜料切成適當之大小，全部洗淨，瀝乾後再晾乾至無水分。全部泡入泡菜滷中，約 2 天後，已入味即可食用。

3 吃完後重新再泡製泡菜時，約 1 ～ 2 天即可食用。

廣東泡菜

材　料：

小黃瓜 2 支、白蘿蔔 300 公克
胡蘿蔔 100 公克

調味料：

鹽 1 茶匙、糖 5 大匙
白醋 5 大匙、水 5 大匙

做　法：

1. 小黃瓜、胡蘿蔔和白蘿蔔洗淨，分別切成菱形，放在碗中。
2. 撒入鹽拌勻，放置 1 小時以上，至蘿蔔等材料出水，微變軟時，用水沖洗並擠乾水分。
3. 加入鹽、糖、白醋及水，拌勻後浸泡 2 小時以上便可食用。

安琪老師的
｜小｜叮｜嚀｜

＊醃泡好的即為廣東泡菜，一般稱為酸果；可放入塑膠袋中醃泡，擠出空氣，調味料較容易滲透材料中。

開胃拌菜 味噌醬蘿蔔

材 料：

白蘿蔔（約 600 公克）1 條
鹽 1/2 大匙

調味料：

（1）糖 2 大匙、鹽 1 茶匙
（2）味噌 2 大匙、味醂 2 大匙
糖 1 大匙

做 法：

1. 白蘿蔔削皮後先切成長條，再切成厚片，放入一個塑膠袋中，加入調味料（1）醃透，可以揉搓、擠壓一下，使白蘿蔔容易變軟。
2. 取出白蘿蔔沖洗，盡量擠乾水分，放入大碗中，加調味料（2）一起醃泡，2 ～ 3 小時以後即可以食用。

安琪老師的｜小｜叮｜嚀｜

* 冬天是蘿蔔盛產的季節，可以完全用蘿蔔皮來做，口感會更脆。
* 也可以用紅麴來醃漬不同風味的醬蘿蔔。

開胃拌菜 檸汁水晶蘿蔔

材 料：

白蘿蔔 400 公克
檸檬 2 個、紅辣椒末少許

調味料：

鹽 1/4 茶匙、糖 2 茶匙
糖 5 大匙

做 法：

1 蘿蔔削皮，切成 2.5 公分厚的大片，每隔 0.2 公分切上一道刀口，每 10 刀切斷，再切成片，即成為梳子片。

2 把蘿蔔、鹽和 2 茶匙糖一起裝入塑膠袋中，擠出空氣，使蘿蔔密封在袋中，醃約 1 小時。

3 蘿蔔用水多沖洗幾次，除去苦汁和鹹味，擠乾水分。

4 重新放回塑膠袋中，加糖和檸檬汁（約 4 ～ 5 大匙）拌勻，醃泡 1 小時即可食用。可撒上紅椒末做點綴。

蔥油拌茭白筍

材 料：

茭白筍 3 支
紅蔥頭 10 粒

調味料：

鹽少許
淡色醬油 1 大匙

做 法：

1. 紅蔥頭洗淨，剝除紅棕色外衣後切成片。
2. 紅蔥片放入 5 大匙的油中慢慢炒至金黃且香，撈出紅蔥頭，放涼。待涼透後可將紅蔥和蔥油混合，放入瓶中保存。
3. 茭白筍洗淨、放入蒸鍋中蒸熟，待稍涼後切成滾刀塊，放入盤中，撒下適量的紅蔥和蔥油，再滴上少許淡色醬油拌勻。

安琪老師的
｜小｜叮｜嚀｜

* 客家人喜歡用爆香的紅蔥頭來提味，可為平淡的食物增添許多風味，茭白筍盛產的季節（約 5 月～ 10 月），用蔥油拌茭白，完整吃到茭白的甘甜。
* 茭白筍是茭草的嫩莖，口感脆嫩，滋味清甜，又有「美人腿」的別稱。可以蒸好來拌，也可以用煮的，煮的時候水盡量少，以保持茭白筍的甜味。也是烤肉時搭配的好材料。

開胃拌菜 XO醬拌絲瓜

材 料：

澎湖絲瓜 1 條
鹽 2 茶匙

拌 料：

XO 醬 2 大匙
（做法見 14 頁）

做 法：

1 絲瓜輕輕刮去外皮，盡量保留綠的顏色。切成 4 公分寬段，再依粗細切成兩半或 3 塊。

2 鍋中燒滾 5 杯水，水中加鹽 1 茶匙和油 1 大匙，放下絲瓜燙至水再滾起後改以小火，依個人喜歡的脆度煮約 30 ～ 60 秒，撈出絲瓜，放大碗中，加入 XO 醬一拌即可。

安琪老師的 |小|叮|嚀|

* 拌的菜並不一定是涼拌，也可以是熱拌或是溫拌，這道 XO 醬拌絲瓜就是溫拌的菜，即使放冷了也很好吃。
* 市售的 XO 醬品牌很多，可以選自己喜愛的來用，有空時，也可以自己做一些，存放瓶中，隨時取用，很方便。

開胃拌菜

南瓜百合

材 料：

南瓜 300 公克
新鮮百合 1 球

調味料：

冰糖 1 ～ 2 大匙

做 法：

1 南瓜削皮後切成 1 公分的厚片，放入蒸碗中，加入冰糖和 1/2 杯的水，上鍋蒸至喜愛的軟度（約 6 ～ 8 分鐘），取出，湯汁倒入小鍋中。

2 將百合一瓣瓣分開，外圈黃褐色的地方修剪掉。放入南瓜湯汁中，小火煮至喜愛的脆度。

3 將百合澆在南瓜上即可。

衝菜

材 料：

大心芥菜的嫩莖
（通稱菜心尾）
600 公克

調味料：

醬油、鹽、糖
麻油、辣椒粉
各少許

做 法：

1 菜心尾梗子較粗部分，先剖開 1 刀或 2 刀，再全切成丁。

2 乾鍋（不放油）燒熱，放入切好的芥菜，用大火快速翻炒，使菜均勻受熱。半分鐘後，見菜約有 7 ～ 8 分熟，馬上裝入乾淨的玻璃罐內，蓋緊蓋子，放置半天。見罐中的菜色變微黃，聞起來有衝鼻感，即為衝菜。

3 吃的時候，通常可以拌少許醬油、鹽、糖（可多一些）、麻油、辣椒粉或辣油，拌勻後放一會兒，入味即可食用。

|下|飯|小|炒|

醃鮮大頭菜炒肉絲

材 料：

新鮮大頭菜 1/2 顆
醃大頭菜 1 小塊、肉絲 100 公克
蔥 1 支、大蒜 2 粒

醃料：

醬油適量、太白粉適量、水適量

調味料：

醬油少許、胡椒粉少許、麻油少許

做 法：

1. 肉絲用醃料拌勻，醃一下。新鮮大頭菜切絲；醃的大頭菜也切細絲；蔥切絲；大蒜拍一下。
2. 用 2 大匙油先把肉絲炒散，盛出。再放入大蒜粒爆香，放下新鮮大頭菜炒一下，淋少許水和醬油，炒至大頭菜透明。
3. 放下醃的大頭菜絲和肉絲炒勻，最後加入蔥絲，並滴下麻油，拌炒均勻即可。

安琪老師的
｜小｜叮｜嚀｜

＊醃大頭菜為紅褐色，味道較鹹，用量不要太多。

榨菜豆乾炒肉絲

材　料：

榨菜 80 公克、豆乾 8 片
肉絲 100 公克、蔥 1 支

醃料：

醬油 1 茶匙、太白粉 1 茶匙
水 1 大匙

調味料：

醬油 1/2 大匙、糖 1 茶匙
水 4 大匙、麻油數滴

做　法：

1. 榨菜切絲，放入水中漂洗一下，去掉鹹味；豆乾切絲，用熱水汆燙一下，撈出，瀝乾水分。
2. 肉絲用醃料拌勻，醃 30 分鐘；蔥切絲。
3. 用 2 大匙油將肉絲炒熟，放下蔥絲炒香，再加入豆乾同炒，淋下醬油繼續炒香。
4. 放下榨菜絲、糖和水，以大火炒勻，最後滴下麻油即可盛盤。

蒜香肚條

材 料：

豬肚 1/2 個、乾木耳 1 大匙
豌豆莢 20 片、大蒜 2 ～ 3 粒
蔥花 1 大匙

煮豬肚料：

蔥 2 支、薑 2 片、八角 1 粒
花椒粒少許、酒 2 大匙
鹽 1 又 1/2 茶匙

調味料：

醬油 2 茶匙、糖 1 茶匙
醋 2 茶匙、水 3 大匙
鹽 1/4 茶匙

做 法：

1. 豬肚先用 2 大匙麵粉和 2 大匙沙拉油搓揉，再用多量水沖淨，放入滾水中燙煮 2 ～ 3 分鐘。取出後，剪除內部的油脂、刮除黃色硬皮，再放入湯鍋中加水 8 杯和煮豬肚料，一起煮 1 個半小時至 2 小時，至豬肚已軟。
2. 木耳泡軟，摘好；豌豆莢摘好。燒開 3 ～ 4 杯水，加 1 茶匙鹽和少許油在水中，放入木耳和豌豆莢一起燙約 1 ～ 2 分鐘左右，撈出，盡量瀝乾水分。
3. 豬肚切條；大蒜剁碎。
4. 鍋中用 2 大匙油將蒜末以小火炒至金黃色，加入調味料（先調好）煮滾，放下木耳和豌豆莢拌一拌，先盛出墊底，再放入豬肚拌炒，盛到木耳上。

醬燒四季豆

材　料：

四季豆 300 公克、絞肉 100 公克
胡蘿蔔絲 2 大匙、大蒜末 1/2 大匙
薑末 1 茶匙、蔥花 1 大匙

調味料：

（1）辣豆瓣醬 1/2 大匙、淡色醬油 1 大匙
　　鹽 1/4 茶匙、糖 1/2 茶匙、水 2/3 杯
（2）醋 1 茶匙、麻油 1/4 茶匙
　　太白粉水少許

做　法：

1 四季豆摘去老筋，切成兩段，放入滾水中燙 3 分鐘，撈出沖涼。

2 鍋中燒熱 1 大匙油，爆香絞肉、大蒜末和薑末，加入調味料（1）炒勻，放下四季豆和胡蘿蔔絲，燒 5 ～ 8 分鐘。

3 沿鍋邊淋下醋，滴下麻油，略勾芡後撒下蔥花，關火。放涼後再吃更入味。

安琪老師的｜小｜叮｜嚀｜

＊四季豆燒的時間可依個人喜愛的脆度而增減。

＊胡蘿蔔絲醃過會比較脆，也可以和四季豆一起用燙的。

下飯小炒 豇豆肉末

材　料：

絞肉 150 公克、酸豇豆 100 公克
芹菜 2 支、大蒜末 1 茶匙
紅辣椒 2 支、乾辣椒 3 ～ 4 支

醃　料：

醬油 1 茶匙、太白粉 1/4 茶匙
糖少許、水 1/2 大匙

調味料：

辣椒醬 1 茶匙、醬油膏 1 大匙
水 3 大匙

做　法：

1. 絞肉拌上醃料，醃 10 分鐘。
2. 豇豆用水沖洗一下，擠乾水分，切成小粒；芹菜摘去葉子也切成丁粒；紅辣椒切圈；乾辣椒切碎。
3. 用 2 大匙油把絞肉炒熟，加入大蒜末和兩種辣椒炒香。放下豇豆炒一下，加入調味料炒勻。
4. 最後再加入芹菜末，炒勻即可。

下飯小炒 魚丸小炒

材 料：

絞肉 150 公克、蝦米 1 大匙
魚丸 150 公克、豆乾 4 ～ 5 片
紅辣椒 2 ～ 3 支、青蒜 1/2 支

調味料：

沙茶醬 1 又 1/2 大匙
醬油 1/2 大匙、糖 1/2 茶匙

做 法：

1 蝦米泡軟，摘去硬殼，大的話可以切幾刀；魚丸和豆乾分別切丁；紅辣椒切粒；青蒜切丁。

2 起油鍋用 2 大匙油先炒絞肉，待絞肉炒熟後盛出。放下豆乾煸炒一下，略焦黃時，放下蝦米炒香，再放下辣椒粒、魚丸和絞肉炒勻。

3 加入調味料炒勻，並沿鍋邊加入約 1/4 杯的水，以使材料味道融合，撒下青蒜粒再炒勻。

下飯小炒 芹香甜不辣

材 料：

圓片甜不辣 300 公克、芹菜 200 公克、胡蘿蔔 1/2 支、紅辣椒 1 支

調味料：

鹽 1/4 茶匙、麻油 1/3 茶匙

做 法：

1. 甜不辣切條；芹菜切成 3 公分的段；胡蘿蔔和紅辣椒均切絲。
2. 鍋內燒熱 1 大匙油，放下甜不辣煸炒一下，再放下紅辣椒絲及胡蘿蔔絲同炒，再加入芹菜略炒，再加鹽調味。
3. 淋下 3～4 大匙的水，以大火炒勻。滴下麻油拌勻即可。

酸菜蝦米

材　料：

酸菜心 1/3 顆
蝦米 2 大匙、薑絲 1 大匙
紅辣椒絲適量

調味料：

糖 2 大匙、麻油 1 茶匙

做　法：

1 酸菜切成丁，放入冷水中抓洗，並浸泡一下，洗去鹹味；蝦米泡軟，略剁小一點。

2 用 2 大匙油炒香蝦米，放入酸菜丁，炒勻。

3 加入糖炒勻，淋下麻油，拌入薑絲和紅椒絲，盛出，放置 1 小時以上。

蔥薑爆小卷

材 料：

小卷 300 公克、蔥 3 支
薑 1 塊

調味料：

酒 2 大匙、醬油 1 大匙
糖 1/2 茶匙、水 3 大匙

做 法：

1. 小卷快速沖洗一下，擦乾水分；蔥切段；薑切成絲。
2. 鍋中燒熱 2 大匙油，先將小卷下鍋快速炒一下，淋下 1 大匙酒，再盛出小卷。
3. 另熱 1 大匙油，放下蔥段和薑絲炒香，再放回小卷，淋下酒和醬油，再放下糖和水，大火炒勻即可。

安琪老師的
｜小｜叮｜嚀｜

＊新鮮小卷有大有小，還有些是鹹小卷，要嚐一下味道再調味。

紅燒桂竹筍

材　料：

桂竹筍 400 公克
絞肉 150 公克
紅蔥酥 2 大匙、大蒜 2 粒
紅辣椒 1 支

調味料：

酒 1 大匙、醬油 3 大匙
冰糖 1 茶匙、鹽適量

做　法：

1. 桂竹筍撕成長條，再切成段，如有酸味，可用熱水燙煮一下，撈出沖涼。瀝乾後盡量擠乾水分。
2. 用 2 大匙油炒香絞肉和大蒜（拍裂），淋下酒和醬油炒勻。加入桂竹筍、紅蔥酥、切長段的紅辣椒和水（約 2 杯），先以大火煮滾，改小火煮約 20 分鐘。
3. 煮至筍子入味，可再以少許鹽調味。放涼之後味道更佳。

安琪老師的｜小｜叮｜嚀｜

＊桂竹筍的筍尖部分如有較老的筍外膜，要切除不用。

素燒鵝

材 料：

新鮮豆包 2 塊、豆腐衣 4 張、筍絲 1/4 杯、香菇絲 2 大匙
金針菇段半杯、胡蘿蔔絲各 1/4 杯、榨菜絲 1 大匙

調味料：

醬油 2 大匙、糖 2 茶匙、清湯或水 2/3 杯、麻油半大匙

做 法：

1 小碗中先把調味料調好。

2 用 2 大匙油炒香香菇，再放入其他絲料炒勻，淋下約 4 大匙調味料，炒煮至湯汁收乾，盛出放涼。

3 豆腐衣兩張相對放好，塗上一些調味料汁。再將一片新鮮豆包打開，放在豆腐衣上，再塗上一些調味汁。放上一半量的香菇料，整型成約 6 ～ 7 公分寬，兩邊先折進來，再包捲長方形，封口朝下，放在抹了油的盤子上。做好兩份。

4 把素燒鵝放入蒸鍋，中火蒸約 10 分鐘，取出放涼。

5 用油將素鵝表面略煎黃一點，取出待稍涼後，切成寬條上桌。

安琪老師的｜小｜叮｜嚀｜

＊說是燒鵝，食材中根本找不到鵝肉，而是由豆包、豆腐衣包著各種蔬菜絲，蒸熟之後再煎過。雖是素菜，味道可不輸燒鵝喔！

＊喜歡煙燻氣味的人，可在素鵝蒸過放涼後，用黃糖、麵粉和紅茶等燻料燻 8 ～ 10 分鐘，放涼後再吃，燻過的食物更耐存放。

下飯小炒

宮保豆包

材 料：

油炸豆包 4 片、西芹 2 支
乾辣椒 1/2 杯、花椒粒 1 茶匙
薑末 1/2 茶匙、蒜末 1 茶匙

調味料：

醬油 2 大匙、酒 1 大匙
糖 2 茶匙、醋 2 茶匙
水 1/2 杯、麻油 1/2 茶匙

做 法：

1 將油炸豆包放入無油的乾鍋中再烘烤 1 ～ 2 分鐘，使其更酥脆。橫切成一刀後再切成 2 公分寬的片。

2 西芹削去外層老筋後切片，放入 2 杯熱水中，燙 15 ～ 20 秒鐘。

3 鍋中熱油 2 大匙，放下花椒粒炒香，撈棄花椒粒，再放下乾辣椒小火炒至有香氣，加進薑、蒜屑爆香，淋下調味料煮滾。

4 加入豆包和西芹，輕輕拌合，炒至湯汁被吸收。

安琪老師的 |小|叮|嚀|

＊可以買新鮮豆包回來自己炸酥，就可以省略做法 1。

豉椒炒豆乾

材 料：

厚豆乾 5 片、豆豉辣椒小魚 2 大匙
蔥 2 支、青蒜 1/2 支、紅辣椒 1 支

調味料：

醬油 1/2 大匙、糖 1/4 茶匙
鹽少許、水 1/4 杯

做 法：

1 豆乾切片；蔥切段；青蒜、紅辣椒斜切片。

2 鍋中熱油 2 大匙，放下豆乾，大火煸炒至豆乾外層略有焦痕且有香氣，加入蔥段、青蒜和紅辣椒同炒。

3 加入調味料和豆豉辣椒小魚再炒一下，炒至豆乾入味，且汁將收乾。

下飯小炒 油豆腐炒黃豆芽

材　料：

油豆腐泡 100 公克
（或炸豆包 1 片）
黃豆芽 300 公克
酸菜葉 1 片

調味料：

醬油 1/2 大匙
鹽、糖各適量
麻油數滴

做　法：

1. 油豆腐泡洗淨，擠乾水分，切成條；酸菜葉切細絲，放入水中浸泡一下，以減低鹹味。
2. 黃豆芽洗過後要瀝乾水分，用 2 大匙油慢慢將豆芽炒軟。加入酸菜絲和油豆腐條同炒，加醬油和少量的鹽、糖調味，放入水，將黃豆芽燜炒至已熟。
3. 待湯汁收乾，滴下麻油即可。

蒜炒蘿蔔乾

材 料：

蘿蔔乾 300 公克
大蒜 5 粒、青蒜 2 支
紅辣椒 2 ～ 3 支

調味料：

醬油 2 大匙、糖 4 大匙

做 法：

1 蘿蔔乾剁小一些，泡在水中抓洗一下，減少鹹味後瀝乾水分。大蒜切粒；紅辣椒切斜段；青蒜斜切厚片。

2 鍋中燒熱 3 大匙油，先將大蒜以小火煎黃，盛出。蘿蔔乾以中火炒香，至外表略有焦痕，再放紅辣椒炒一下。

3 加入調味料炒勻，再加入青蒜段和大蒜粒一起拌炒，大火炒至醬汁收至將乾，盛出。放涼後再吃味道更好。

安琪老師的 |小|叮|嚀|

＊加入調味料和青蒜後會有湯汁，要大火收乾，青蒜炒透後可以存放較長時間。

豉汁彩椒

材 料：

紅甜椒 1 個
黃甜椒 1 個
青椒 2 個
大蒜 2 ～ 3 粒
豆豉 1 大匙

調味料：

醬油 2 茶匙
鹽 1/4 茶匙
糖 1/4 茶匙
水 4 大匙

做 法：

1 紅、黃甜椒和青椒分別剖開，去除中間的籽和白囊。甜椒如果比較大，可再對切兩半。

2 鍋中燒熱 1 ～ 2 杯油，燒至 8 ～ 9 分熱時，分批放下甜椒和青椒去炸，大火炸至椒肉變色，椒的外皮分離、泡起，撈出。

3 將 3 種椒立刻泡入冷水中，泡約 2 ～ 3 分鐘至椒皮起皺，剝除椒皮後再將 3 色椒切成塊。

4 用 1 大匙油將大蒜末和豆豉以小火炒香，加調味料煮滾，放下彩椒略燒一下，較為入味，盛出後放涼更入味好吃。

安琪老師的
｜小｜叮｜嚀｜

＊也可將 3 色椒用烤的方式去除外皮。將烤箱預熱至 240℃，放入 3 色椒，大火烤至外皮變焦，取出泡水；或直接用夾子夾住甜椒，放在爐火或炭火上烤。

燵菜

材 料：

青江菜 600 公克

調味料：

醬油 1 又 1/2 大匙
糖 1/2 大匙、油 1 大匙
水 1/2 杯

做 法：

1. 青江菜洗淨，瀝乾水分。將青江菜放入鍋中，加入醬油、糖、油和水，大火煮滾，再改成中小火慢慢燵煮。
2. 約煮 10 ～ 12 分鐘，至菜已夠軟，如湯汁還有很多，開大火收乾一點，嚐一下味道即可關火，待涼後上桌。

安琪老師的 |小|叮|嚀|

＊在台灣做燵菜多是用芥菜，芥菜微苦，可清腸道，夏天沒有芥菜時，也可以用青江菜，燵出來的風味不同。

＊如用芥菜來做，糖和醬油的分量可加多一些，時間也要久一點。

熗白花椰菜

材 料：

白花椰菜 300 公克
花椒粒 2 大匙
辣椒粉 1/2 大匙

調味料：

鹽 1/2 茶匙、麻油數滴

做 法：

1 花椰菜分小朵，洗淨，瀝乾，放入滾水中汆燙 30 ～ 40 秒鐘（水中加鹽約 1 茶匙），撈出，放碗中。

2 鍋中用 2 大匙油炒香花椒粒，撈棄大部分花椒粒，把油淋到花椰菜上。再加鹽調味，拌入辣椒粉，放置約 1 ～ 2 小時後再吃會更入味。

雙菇麵筋

材 料：

香菇 4 朵、洋菇 8 粒
小麵筋球 30 ～ 40 顆
蔥 1 支、大蒜 2 粒

調味料：

醬油 1 大匙、糖 1/4 茶匙
黑胡椒粉少許、麻油少許

做 法：

1. 香菇泡軟後切成小片；洋菇快速沖洗一下，擦乾水分，1 切為 2。
2. 麵筋球泡溫水至軟，擠乾水分；蔥切段；大蒜切片。
3. 鍋中加熱 2 大匙油，放下蒜片、香菇和洋菇同炒至香，淋下醬油，加入糖和水 1/2 杯，煮滾。
4. 把麵筋球放入鍋中同煮，至湯汁將收乾，撒下蔥花和黑胡椒粉，滴下麻油，拌勻即可關火。

黑胡椒洋菇

材　料：

洋菇（約 500 公克）2 盒
大蒜 3 ～ 4 粒、洋蔥 1/2 顆

調味料：

酒 1 大匙、醬油 1/2 大匙
美極醬油 1 茶匙、鹽 1/4 茶匙
黑胡椒粉 1/4 茶匙

做　法：

1 洋菇用水快速沖洗一下，擦乾水分，依洋菇大小，小的不切，大一些的切成兩半或 4 小塊。洋蔥切成寬條；大蒜切片。

2 鍋中熱 2 大匙油，放下洋蔥和大蒜片炒香，再加入洋菇以大火同炒，炒至洋菇微軟。

3 淋下酒和其他調味料，再加入約 4 ～ 5 大匙的水，小火煮至湯汁收乾。

腐竹蘑菇

材 料：

腐竹 4 支、洋菇 6 ～ 8 粒
乾辣椒 4 ～ 5 支
蔥花 1 大匙

調味料：

鹽 1/4 茶匙、魚露 1 茶匙
麻油數滴

做 法：

1. 腐竹泡入熱水中至軟，切成 4 ～ 5 公分的段，再放入滾水中燙煮至軟，撈出，瀝乾水分。洋菇切厚片；乾辣椒用剪刀剪成條。
2. 鍋中熱油 1 大匙，放下乾辣椒和蔥花爆香，再放入洋菇同炒，炒一下後便放入腐竹炒勻。
3. 加入鹽和魚露調味，同時加入水 1/2 杯，以小火煮至腐竹入味（約 4 ～ 5 分鐘），且湯汁將收乾時滴下麻油，炒勻即可。

|異|國|風|味|

異國風味 泰式大頭菜

材 料：

大頭菜 1/2 個、小番茄 10 顆
蝦米 1 大匙、紅蔥頭 1 ～ 2 顆
大蒜末 1 茶匙、蔥花少許、小辣椒適量

醃料：

糖 2 茶匙、鹽 2/3 茶匙

調味料：

糖 1 大匙、魚露 1 大匙、檸檬汁 2 大匙
是拉叉醬（泰式紅辣醬）1 大匙

做 法：

1. 大頭菜削皮，再改刀切成梳子片或薄片狀，拌上醃料，醃約 20 分鐘，待出水軟化後，沖一下冷開水，擠乾水分。
2. 小番茄 1 切為 2；蝦米泡軟，摘好，拍扁，切碎；紅蔥頭和小紅辣椒分別剁成細末。
3. 把大頭菜片、小番茄、蝦米、紅蔥頭、蔥花、大蒜末、小辣椒末都放入碗中，加入調味料抓拌一下，即可裝入盤中。

百香果青木瓜

材　料：

青木瓜（約 400 公克）1/2 個
百香果 6 粒、百香果醬 3 大匙

調味料：

糖 3 大匙、鹽 1/2 茶匙

做　法：

1. 青木瓜削皮後切成片，用混合的鹽與糖拌醃 20 分鐘，用冷開水沖洗，擠乾水分。
2. 百香果挖出果肉拌上百香果醬，再放入青木瓜拌勻，醃泡 4 小時入味即可。

安琪老師的｜小｜叮｜嚀｜

＊在冰果店可以買到濃縮百香果醬，可以使青木瓜更容易入味。

泰式涼拌鮮魷

材　料：

新鮮魷魚 1 條、粉絲 1 把、小番茄 6 顆、蝦米 1 大匙、草菇 4 ～ 5 粒
紅蔥頭 3 ～ 4 顆、醃蒜頭 3 ～ 4 粒、蔥花少許、小辣椒適量

泰式拌料：

白糖 2 茶匙、檸檬汁 1 大匙、魚露 1 又 1/2 大匙
是拉叉醬（泰式紅辣醬）2 茶匙

做　法：

1. 新鮮魷魚洗淨，在內側切上交叉的刀紋，先分割成 3 公分寬長條，再切成約 3 公分大小的菱角形。
2. 粉絲用水泡軟，剪成短段；小番茄 1 切為 2；蝦米泡軟，摘好；草菇切半；紅蔥頭、醃蒜頭和小紅辣椒分別剁成細末。
3. 鍋中煮滾 5 杯水，先放入粉絲燙煮約 1 分鐘，撈起，用冷開水沖涼，瀝乾水分。再放入草菇燙一下，撈出。
4. 水再煮滾，放入鮮魷，見鮮魷一捲起，立即撈出。
5. 小番茄、紅蔥頭、蔥花、醃大蒜、小辣椒末放碗中，加入拌料調勻，加入花枝、粉絲、蝦米和草菇再拌勻，即可裝入盤中。

安琪老師的｜小｜叮｜嚀｜

＊泰式醃蒜頭是甜酸口味，和醃蕎頭及糖蒜的味道相近，可以在賣東南亞食材的店中買到。

＊泰式酸辣口味很適合涼拌，無論拿來拌海鮮、青木瓜絲、蘿蔔絲或一些瓜果類的食材，吃來都格外清爽開胃。

越式沙茶拌牛肉

材　料：

嫩牛肉 200 公克、綠豆芽 100 公克
小黃瓜 1 支、洋蔥絲適量（先泡水）
檸檬半個、九層塔數葉

醃肉料：

鹽少許、水 1 ～ 2 大匙
太白粉 1 茶匙

沙茶拌料：

沙茶醬 1 大匙半、魚露半大匙
糖 1 茶匙、檸檬汁 2 茶匙
清湯（或水）2 ～ 3 大匙

做　法：

1 牛肉逆紋切薄片，放入碗中，先加鹽和水抓拌，待水被吸收了，再拌入太白粉，拌勻後放置 30 分鐘；小黃瓜切絲。另外的碗中將沙茶拌料先調勻。

2 鍋中煮滾水約 5 ～ 6 杯，放入綠豆芽，燙至脫生即可撈出，和生洋蔥一起放在盤中，另將小黃瓜也排在盤中。

3 牛肉放入開水中，汆燙至剛剛熟即撈出，放入碗中和沙茶拌料拌勻，再舖放在豆芽上，放上九層塔葉，並附 1 ～ 2 片檸檬片上桌。吃時擠檸檬汁在牛肉上。

安琪老師的
｜小｜叮｜嚀｜

* 這種南洋風味的拌牛肉，可以選用火鍋肉片來做，火鍋肉片較薄，不必醃就可以燙熟來拌沙茶拌料。

魚露什錦菜

材 料：

白蘿蔔 150 公克
胡蘿蔔小半支
小黃瓜 2 支
青椒 1 個、芹菜 2 支
花生米半杯、紅辣椒 1 支

浸泡料：

魚露 1 杯、水 1 杯

做 法：

1 白蘿蔔、胡蘿蔔分別削皮，切成 0.5 公分厚的片；小黃瓜直剖成 4 長條，片去瓜籽部分，切成厚片；青椒、紅辣椒剖開、去籽，切成四方片。

2 芹菜摘好、切成約 3 公分的段。鍋中煮滾 4 杯水，放下芹菜快速汆燙一下，撈出沖涼，擠乾水分。

3 花生也放入滾水中燙煮 3 分鐘，撈出沖涼，剝去外皮。

4 全部材料放入大碗或玻璃瓶中，加入浸泡料拌勻，醃泡 10 小時以上，入味後即可取食。

安琪老師的 |小|叮|嚀|

* 不同品牌的魚露鹹度不同，要自己試一下才能找到喜愛的品牌。一般來說，泰國魚露腥味較重，比較不適合，或要減少用量。
* 魚露和蝦油都是南方人愛用的調味料，味道鮮、顏色淺，用於醃泡、拌製小菜，好用又清爽。

韓式海帶芽

材 料：

海帶芽 50 公克
小黃瓜 1 支、紅辣椒 1 支
大蒜 2 ～ 3 粒

調味料：

醬油 2 大匙
醋 1 又 1/2 大匙
糖 1 大匙、麻油 2 大匙

做 法：

1 海帶芽在水中快速沖洗幾次，以漂去鹹味，切短一點，放入滾水中汆燙一下，立即撈出。小黃瓜切薄片；紅辣椒切圓圈；大蒜切片。

2 鍋中燒熱 2 大匙麻油，放下大蒜片爆香，加入調味料煮滾。

3 海帶芽、小黃瓜片和紅辣椒放碗中，淋下煮滾的調味料拌勻，放置約十餘分鐘，待涼且入味即可。

安琪老師的
｜小｜叮｜嚀｜

* 海帶芽的種類很多，有乾燥的，也有半潮濕的；乾的海帶芽在泡開後較薄，是沒有味道的，而半潮濕的則鹽分較多，有的還可以看到鹽的顆粒。挑選較厚一點的來涼拌，比較有口感。
* 海帶芽是很好的鹼性食物，吃多了大魚大肉而呈現酸性體質的現代人，不妨多多食用。

韓風拌豆腐

材 料：

豆腐 1 塊、榨菜 1 小塊
小黃瓜 1/3 支、魩仔魚 1 大匙
紅辣椒絲少許

拌 料：

醬油 1 大匙、糖 1 大匙
蒜泥半茶匙、薑汁 1/4 茶匙
麻油 1 茶匙、韓國辣醬 1 大匙
水 2 大匙、太白粉水適量

做 法：

1 豆腐用冷開水沖洗一下，切成 3 ～ 4 塊，瀝乾水分，擺在盤中。

2 榨菜用冷開水洗一下、漂淡一點鹹味，切成細絲，撒在豆腐上。小黃瓜切成細絲，也撒在豆腐上。

3 鍋中燒熱 2 大匙油，放下魩吻仔魚爆炒一下，炒至魩仔魚變脆，盛出，放在紙巾上，吸乾油漬，也放在豆腐上，再撒下紅椒絲。

4 將拌料中所有的調味料放在小鍋中煮滾，待涼後淋在豆腐上。

安琪老師的
｜小｜叮｜嚀｜

＊豆腐容易出水，要在吃之前再瀝乾水分後裝盤，免得拌汁味道稀釋變淡。

韓國泡菜

材 料：

山東大白菜 2 棵、（約 3.5 公斤）、白蘿蔔 300 公克
蔥或韭菜 150 公克、大蔥 150 公克、胡蘿蔔 150 公克
大蒜 150 公克、薑 50 公克

調味料：

鹽約 2 ～ 3 大匙、韓國辣椒粉約 50 公克、魚露約 3 大匙、糖 1 茶匙

做 法：

1. 白菜不洗，由梗部切開一道裂口，再撕開成 2 半。
2. 在每層菜葉中撒少許鹽，之後放在大盆中，上面蓋一個盤子，再壓上重的東西，使白菜中的水分滲出，變軟。
3. 用冷開水將白菜沖洗一下，再擠乾水分。
4. 把蒜和薑搗碎；蔥或韭菜切段；大蔥切斜片；白蘿蔔和胡蘿蔔分別刨成粗絲。
5. 辣椒粉和魚露調勻，再加入薑、蒜泥，拌成膏狀。再拌入兩種蘿蔔絲，抓拌一下，並加鹽、糖調味。
6. 最後加入大蔥片和小蔥段，放約 10 分鐘，至蘿蔔等料略為變軟，做成醬料。
7. 把醬料倒至大盆中，白菜一片片的抹上醬料。抹好後對折包捲整齊，放入盒中，再將剩餘的蘿蔔絲等倒在上面，蓋好盒蓋，放在室溫中。
8. 待聞到有酸香氣時（天熱時約 2 天、天冷時需要 3 天），就可以移入冰箱中，再放 1 ～ 2 天以上，即可食用。

安琪老師的
｜小｜叮｜嚀｜

* 沒有大蔥也可只加蔥和韭菜，也有人在醃韓國泡菜時加些水梨或蘋果絲，增加甜味。

柴魚菠菜

材　料：

菠菜 300 公克
柴魚片（約 5 公克）1 小包

調味料：

柴魚醬油或醬油膏適量

做　法：

1 菠菜洗淨，剪去根鬚，但是不要剪太多，要使菠菜仍連在一起，泡在水中除去沙泥。

2 鍋中煮滾 4 杯水，先放下菠菜根部去燙，微軟後，再整支放下，快速燙一下，取出泡入冰水中泡涼。

3 整支菠菜擠乾水分，切段，排盤。淋上柴魚醬油或醬油膏，再撒上柴魚片。

安琪老師的
｜小｜叮｜嚀｜

＊青菜用燙的最清爽，淋的醬汁也可以變化，蒜泥醬油、肉燥、紅蔥油、日式柚子醋、柴魚醬油都可以。

蒜拌雙菇

材　料：

新鮮香菇 7 ～ 8 朵
袖珍菇 1 盒、大蒜 1 粒
香菜 1 支

拌　料：

奶油 1 大匙
橄欖油 1 大匙、鹽半茶匙
黑胡椒粉 1/4 茶匙

做　法：

1 兩種菇類快速沖洗一下，瀝乾水分。香菇切成寬片；袖珍菇視大小而定，小的整支，大的用手直著撕開兩半。

2 大蒜剁成細末；香菜洗淨，連梗帶葉一起切碎。兩種一起放在大碗中，加入拌料。

3 鍋中燒開 5 杯水，水中加 1 茶匙鹽，先放下香菇，隔 20 ～ 30 秒後，放入袖珍菇，一滾即撈出，盡量瀝乾水分，並以紙巾吸乾水分，放入大碗中。

4 將菇和拌料仔細拌勻，放 3 ～ 5 分鐘，使菇較入味便可。

安琪老師的
|小|叮|嚀|

* 各種菇類的組織密度不同，因此下鍋汆燙的順序要有先後，以免薄的太軟而厚實的還未透。
* 處理菇類也可以用微波的，將切好的菇類放入微波爐中，微波 2 分鐘便可取出來拌。要使菇的香氣足些，也可以用烤的。

脆蘆筍佐鮪魚醬

材 料：

綠蘆筍 5 支、鮪魚罐頭 1 小罐

拌 料：

蛋黃 1 個、橄欖油 120cc（約 8 大匙）、鹽 1/3 茶匙、胡椒粉適量
檸檬汁 1 茶匙

做 法：

1. 粗綠蘆筍削去老硬的外皮，斜切成段；細的蘆筍只要切去一點尾端，切成段即可以用。
2. 蛋黃放在大碗中，一手持打蛋器打蛋黃，另一手慢慢將橄欖油滴入蛋黃中，將蛋黃打成蛋黃醬，再加入其他拌料攪勻。
3. 鮪魚罐頭中的油倒出，魚肉略壓碎，將鮪魚調入蛋黃醬中，做成鮪魚醬，調整味道。
4. 鍋中煮滾 4 杯水，水中加 1 茶匙鹽，放入蘆筍，汆燙至熟（粗細不同的蘆筍，時間有差），撈出，立刻泡入冰水中，使蘆筍不再繼續熟化，保持脆度。
5. 蘆筍瀝乾水分後，倒入大碗中，和鮪魚醬拌勻後裝盤。

安琪老師的
｜小｜叮｜嚀｜

* 蛋黃醬是做西式沙拉的主醬之一，自製的蛋黃醬較新鮮且健康，可以自己決定口味，唯一要注意的是要慢慢的加入橄欖油，以免打不勻。
* 基本蛋黃醬打好後可以變化成不同口味，例如芥末、大蒜，及藍莓、芒果、水蜜桃等一些水果口味。

法式芥末海鮮盤

材　料：

新鮮干貝 4 粒、大蝦 8 隻、蛤蜊 12 粒、任選萵苣生菜

醬　料：

法式芥末醬 1 大匙、大蒜泥半茶匙、紅蔥末 1 茶匙
水果醋或檸檬汁半大匙、橄欖油 2 大匙、鹽、胡椒粉適量

做　法：

1. 萵苣生菜洗淨，泡在冰水中 10 分鐘，取出，瀝乾水分，切成適當大小，排盤。
2. 新鮮干貝視大小，大的橫片成兩片，小的不切，解凍後快速在水中洗一下，擦乾水分，撒下極少許的鹽和太白粉，放置 5 ～ 10 分鐘。
3. 蝦剝殼，僅留下尾殼部分，抽除腸泥，也抓拌上極少許的鹽和太白粉，放 10 分鐘。
4. 蛤蜊泡在薄鹽水中 1 ～ 2 小時以吐盡沙子，下鍋前洗淨。鍋中加水 4 杯，放入蛤蜊，開火煮至蛤蜊開口，撈出。
5. 水再煮滾，放入蝦仁，大火煮熟即夾出。放入鮮貝，以極小火將鮮貝泡熟（視鮮貝厚薄而定），撈出。
6. 3 種海鮮在煮熟後立即泡入冰水中，涼後取出，吸乾水分，排盤。
7. 法式芥末醬料調好後嚐一下味道，淋在海鮮盤中。

安琪老師的
｜小｜叮｜嚀｜

* 這道海鮮盤可以做為開胃菜，也可以當成夏日主菜，除了干貝、大蝦、蛤蜊，新鮮淡菜、鮮魷、珊瑚貝也都可以做成海鮮盤，一道菜中就可以變化出多種吃法。
* 可以試著拌水果口味的醬料，如柳橙、芒果、草莓口味等醬料都很清爽。

義式拌鮮魷

材 料：

新鮮魷魚 1 條
小番茄 8 ～ 10 顆
九層塔 3 支

調味料：

義大利綜合香料適量
鹽 1/4 茶匙、胡椒粉少許
橄欖油 2 大匙

做 法：

1 鮮魷魚洗淨內部後切成圈；小番茄 1 切為 2；九層塔切成絲。

2 碗中將調味料和小番茄一起調勻。

3 鍋中燒滾 4 杯水，改成小火後放入鮮魷，慢慢將鮮魷泡熟，撈出，瀝乾水分。

4 將鮮魷放入碗中，再加入九層塔絲，一起拌勻即可。

醋漬三色椒

材 料：

紅甜椒 1 個、黃甜椒 1 個
青椒 2 個、大蒜 4 ～ 5 粒

醋漬料：

橄欖油 2 大匙
白酒醋 3 大匙
鹽半茶匙、糖半茶匙

做 法：

1 紅、黃甜椒和青椒分別剖開，去除中間的籽和白囊。甜椒如果比較大，可以再對切成兩半。

2 鍋中燒熱 2 ～ 3 杯油，燒至 9 分熱時，分批放下甜椒和青椒去炸，大火炸至椒肉變色，椒的外皮分離、泡起，撈出。將 3 種椒立刻泡入冷水中，泡約 3 ～ 5 分鐘至椒皮起皺，剝除椒皮。

3 將 3 色椒切成塊，放入碗中，加入切片的大蒜和醋漬料，拌均勻後放約 10 分鐘便可食用。

安琪老師的
|小|叮|嚀|

＊用橄欖油和白酒醋醃漬烤或炸過的 3 色椒，是義式的醃漬菜吃法。除甜椒外，長辣椒也可以用同樣方法去剝皮來泡。

蒜油漬鮮菇

材　料：

洋菇 1 盒、新鮮香菇 6 朵
鴻喜菇 1 把
大蒜 1 ～ 2 粒
蝦米 1 大匙
九層塔葉數片

油漬料：

橄欖油 3 大匙
米醋或水果醋 3 大匙
鹽、胡椒粉各適量

做　法：

1 各種菇類快速沖洗一下，瀝乾，洋菇和香菇切成片，鴻喜菇分成小朵。

2 大蒜拍碎，再剁細一點。蝦米泡軟，摘去頭腳硬殼，大略切幾刀。九層塔葉子剁碎，用紙巾吸乾水分。

3 鍋中燒滾 5 杯水，水中加鹽 1 茶匙，放入菇類快速燙一下，撈出，盡量瀝乾水分，可以用紙巾吸乾一點，放入一個碗中。

4 鍋中燒熱 1 大匙油，煎香大蒜屑和蝦米屑，連油倒入裝菇的碗中。

5 加入醋等拌料拌勻，放至涼，移入冰箱浸泡 1 小時以上。吃的時候撒下九層塔末拌勻即可。

安琪老師的
｜小｜叮｜嚀｜

＊這是很有洋風的一道鮮菇吃法，可用的菇菌種類很多，如袖珍菇、雪白菇、杏鮑菇、柳松菇、金針菇、鮑魚菇等，都可以來做這道小菜。

＊除了以上做法外，也可以放蝦籽（乾鍋炒一下）、扁魚乾（用油炸酥、剁碎）來取代蝦米。用香菜代替九層塔也另有香氣。

泰式雞肉沙拉

材　料：

雞胸肉 1 片
生菜葉 3 ～ 4 片
小番茄 10 粒
核桃或松子或夏威夷果數粒

醃雞料：

鹽、胡椒粉各少許

沙拉拌料：

美式芥末醬 2 茶匙
泰式甜辣醬 2 茶匙
橄欖油 1 大匙
檸檬汁半大匙
鹽 1/3 茶匙

做　法：

1. 雞胸肉去皮和軟骨，分割成兩半，用刀子在雞肉上輕輕剁上數刀，均勻地抓拌上醃雞料，放置 3 ～ 5 分鐘。
2. 烤箱預熱至攝氏 220 度，放入雞肉烤 10 分鐘，翻面再烤 8 ～ 10 分鐘至熟後取出。
3. 生菜洗淨，放入冰水中浸泡約 10 分鐘，盡量瀝乾水分，切段後排盤。再將番茄或其他喜愛的沙拉材料排入。
4. 預熱烤箱時，先以攝氏 150 度左右的溫度把核桃或其他的堅果類放入烤箱烤熟，取出，切小粒一些（松子不必切）。
5. 沙拉拌料先在碗中調好。雞排烤好後切成寬條放在生菜上，撒下核桃或其他乾果粒，附沙拉醬上桌。

安琪老師的
｜小｜叮｜嚀｜

* 沙拉的靈魂在沙拉醬。這道以泰國甜辣醬為主的沙拉沾醬偏東方口味，不吃辣的可以用蜂蜜或糖漿代替甜辣醬。
* 烤雞胸可以連皮一起烤，刷一點油在皮上可以烤出香脆的效果，如要避免油膩，還是去了皮較好。每一個烤箱溫度不同，烤的時間長短可以自行調整。
* 可以做沙拉的生菜種類很多，美生菜最為普遍，現在進口或是國內自己種的蘿蔓生菜（Romaine lettuce）也容易買到。其他如羊齒菜、比利時小白菜、紅生菜也都可以搭配在沙拉中。主要是用冰水泡一下，可使生菜脆而爽口。
* 生的核桃等堅果類，可以一次多烤一些，涼透後密封儲存。

蝦仁蘋果沙拉

材 料：

馬鈴薯 2 個、蛋 6 個、小蝦 20 隻、蘋果 2 個、胡蘿蔔 1 小段
小黃瓜 2 支、美乃滋 4 大匙

調味料：

鹽半茶匙、胡椒粉少許

做 法：

1 馬鈴薯、胡蘿蔔和雞蛋洗淨，放入鍋中，加水煮熟，依序取出材料。

2 胡蘿蔔切指甲片；蛋切碎；馬鈴薯用叉子略壓成小塊。3 種材料都放入一個大碗中。黃瓜切片，用少許鹽醃一下，擠乾水分，也放入大碗中。

3 小蝦抽除腸泥，連殼煮熟或蒸熟，取出泡入冰水中。涼透後剝殼，視大小切成丁，也放入碗中。

4 蘋果橫切成兩半，離邊緣 0.5 公分處將果肉挖出，切成丁，也放入大碗中。果皮邊緣切成波浪齒狀，形成一個杯子形，泡入鹽水中防止變色。

5 馬鈴薯中加美乃滋、鹽和胡椒粉調味，調拌均勻後裝回蘋果杯中。

安琪老師的
|小|叮|嚀|

* 沙拉中能變化的材料很多，加了蝦子和蘋果的比較不耐放，最好 3 天之內吃完。要放久一點，可以用火腿片代替蝦仁，另外玉米粒、青豆都是很常用的材料。
* 請客時可以用龍蝦做龍蝦沙拉，或用明蝦做明蝦沙拉，基本的馬鈴薯沙拉的做法都是一樣的。
* 一鍋水可煮胡蘿蔔、蛋及馬鈴薯 3 種材料。首先，水滾後 7～8 分鐘時，以筷子試插胡蘿蔔的軟度，取出胡蘿蔔。12～13 分鐘時取出蛋，泡入冷水中，涼後剝去蛋殼。馬鈴薯要用小火煮，約 40 分鐘，以筷子由中間插入，試試能否插透，煮軟一點比較好吃（如果馬鈴薯易散開，可以關火燜至鬆軟）。

凱薩沙拉

材 料：

蘿蔓生菜 300 公克、小番茄 6 粒、培根 2 片、吐司麵包 1 片
帕瑪森起司粉 1 大匙

凱薩沙拉醬：

蛋黃 1 個、罐裝鯷魚 1 小條、酸豆 3 ～ 4 粒、大蒜泥半茶匙
黃色芥末醬 1 茶匙、橄欖油約 100 ～ 120cc、檸檬汁 1 大匙
Tabasco 辣椒水少許、鹽、黑胡椒粉各適量

做 法：

1 生菜洗淨泡冰水，切成大段；小番茄切半。

2 吐司麵包切成小丁，放入烤箱以攝氏 160 度慢慢烤硬且成黃色，取出放涼。培根切絲煎或烤至脆，用紙巾吸乾油分。

3 大碗中先將蛋黃、鯷魚、酸豆、大蒜泥、芥末醬攪拌均勻，慢慢地加入橄欖油，調打成醬，加入檸檬水、辣椒水、鹽、黑胡椒粉和起司粉調味。

4 生菜拌入醬汁中，拌勻後裝盤，再放上番茄、培根碎和吐司丁，可以再撒一些起司粉。

安琪老師的 | 小 | 叮 | 嚀 |

* 凱薩沙拉是很受歡迎的一種沙拉，主要是它的醬汁風味特殊，同時用的蘿蔓生菜特別脆爽，如果買不到蘿蔓生菜，用一般西生菜（iceberg lettuce）也可以來做。
* 調製沙拉醬的時候，可以選用比較大的容器來盛裝，用打蛋器來回攪打，直到醬汁呈現乳白色。
* 若嫌自己烤麵包丁太麻煩，也可以到大型超市購買烤好的麵包丁。
* 培根一定要煎烤到酥脆乾香，配著沙拉吃才好吃。

美味小祕訣～

安琪老師的料理講義！

PART 1 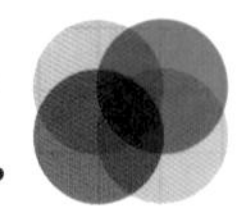

美味涼拌菜 7 大關鍵動作

❶ 做拌菜時，為了使拌料有香氣，有時候可以起油鍋爆香一下大蒜等辛香料和醬料，爆炒過的辛香料，風味與生的不同。

❷ 拌料要濃稠些味道才夠，但不要勾芡，以免不爽口。

❸ 別讓水分稀釋醬料的味道，墊底食材一定要瀝乾水分，以免使味道變淡。

❹ 有些蔥薑浸泡在醬汁中，會吸收掉調味料的味道，可以把調味料的量增加，或在過濾時把調味汁擠乾一點，否則拌出來的味道會不夠。

❺ 如果要拌白菜、胡蘿蔔和蔥絲，最好先醃一下鹽，一方面脫除菜的生澀味，另方面也可讓菜先入味。

❻ 在調好拌料後要先嚐一下味道，依個人口味做調整，把味道調好了再放入粉絲等材料去拌，因為粉絲很快就會吸足味道，就很難再去做調整。

❼ 如果是拌豆腐，由於豆腐很容易出水，最好在吃之前瀝乾水分再裝盤，免得拌汁味道稀釋變淡。

PART 2

增加海鮮的口感及鮮美

❶ 魚片加醃料時要先加鹽和水抓拌，使魚片膨脹後再加蛋白和太白粉，魚片就會更滑嫩。

❷ 鮮貝和蝦仁拌一點點鹽和太白粉會有較好的口感，但不可以多，以免涼後形成一層粉膜，也吃不到海鮮的鮮。

PART 3 

拌出脆爽的美味黃瓜

❶ 選對黃瓜：應挑瓜表面有刺狀凸起的。

❷ 涼拌前先用鹽醃一下，以脫除些水分，使它更脆，且容易使涼拌的味道進入。用鹽量不要多，如果趕時間多用些鹽的話，就要用冷開水漂洗，以除去鹹味。

❸ 如果不醃鹽，直接切絲就拌來吃，一定要切細一點才會脆爽、好吃。切好後可以放冰箱中冷藏 1 ～ 2 個小時，冰一點才好吃。

❹ 拍過的黃瓜口感較好，除去籽後會覺得更脆。

PART 4 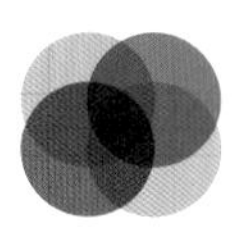

讓涼拌蔥絲更可口的方法

❶ 切蔥絲或青蒜絲時要先橫著把蔥和青蒜片開，再打斜刀切絲，才會切得漂亮。沒有片開的蔥、蒜切出來是圓圈而非絲。

❷ 蔥、青蒜或紅辣椒切好的絲都可以在冰水中泡一下，以除去些辛辣味，同時吃起來口感較脆。

PART 5

豬腰好吃 3 大要訣

❶ 豬腰有不同的切法，無論切梳子片或是切雙飛片（第一刀不切斷、第二刀才切斷），都不要太薄，以免沒有脆脆的口感。如果在光面切交叉刀紋，再改刀切成腰花亦可，但是腰花較厚，燙的時間要加長些。

❷ 燙腰花的水量要多些，但放下腰片燙時就要改小火，以免因水大滾而使腰花收縮、變老。

❸ 腰花不容易入味，最好是拌勻後再放入盤中，如果是上桌才淋汁來拌，不容易均勻入味。

PART 6

料理美味苦瓜 3 大竅門

❶ 選對苦瓜：苦瓜有深綠色的山苦瓜，較苦；白色的苦瓜比較脆而不苦。要選表面顆粒光滑、沒有皺紋的會比較新鮮。

❷ 切苦瓜的方法：苦瓜挖除瓜籽後，可以由內部片切掉硬囊，使苦瓜有較脆嫩的口感，如不切除也可以，吃起來比較老硬。

❸ 增加脆感：時間較短時、可以用冰水來浸泡，使苦瓜較脆。

安琪老師的
料理講義！

如何留住花椒香？

麻辣口味是以花椒粉的麻為主，花椒粉要儲存在密封的瓶罐中，以免走氣變味。

炸紅蔥油的小撇步

紅蔥在油炸時要特別注意，當紅蔥中的水分蒸發後就很容易變焦，所以當紅蔥開始變色，就要不停鏟動，至顏色夠黃時就要撈出，以免油的餘熱把紅蔥給炸焦了。

PART 9

如何處理海蜇皮？

泡發海蜇皮的時間不同，要依海蜇皮的品種而定，有的品種軟，燙過後只要再泡 5 ～ 10 分鐘即可。

開胃小菜100道

涼菜、拌菜、小炒，清爽上桌！

作　　者　程安琪

發 行 人　程安琪
總 策 畫　程顯灝
編輯顧問　潘秉新
編輯顧問　錢嘉琪

總 編 輯　呂增娣
執行主編　鍾若琦
主　　編　李瓊絲
編　　輯　李雯倩
編　　輯　吳孟蓉
編　　輯　程郁庭
美　　編　王欽民
封面設計　王欽民

出 版 者　橘子文化事業有限公司
總 代 理　三友圖書有限公司
地　　址　106 台北市安和路 2 段 213 號 4 樓
電　　話　(02) 2377-4155
傳　　真　(02) 2377-4355
E － mail　service@sanyau.com.tw
郵政劃撥　05844889 三友圖書有限公司

總 經 銷　大和書報圖書股份有限公司
地　　址　新北市新莊區五工五路 2 號
電　　話　(02) 8990-2588
傳　　真　(02) 2299-7900

http://www.ju-zi.com.tw
橘子&旗林 網路書店

初　　版　2013 年 5 月
定　　價　299 元
ＩＳＢＮ　978-986-6062-40-7（平裝）